全国中等职业学校机械类专业通用
全国技工院校机械类专业通用（中级技能层级）

铣工工艺学（第五版）习题册

马苍平　主编

中国劳动社会保障出版社

简　介

本习题册是全国中等职业学校机械类专业通用教材 / 全国技工院校机械类专业通用教材（中级技能层级）《铣工工艺学（第五版）》的配套用书。本习题册紧扣教学要求，按照教材章节顺序编排，知识点分布均衡，题型丰富多样，难易配置适当，有助于学生复习巩固所学知识。

本习题册由马苍平任主编，李素兰、马乘达参加编写。

图书在版编目（CIP）数据

铣工工艺学（第五版）习题册 / 马苍平主编．--北京：中国劳动社会保障出版社，2020
全国中等职业学校机械类专业通用　全国技工院校机械类专业通用．中级技能层级
ISBN 978-7-5167-4535-9

Ⅰ.①铣…　Ⅱ.①马…　Ⅲ.①铣削－工艺学－中等专业学校－习题集　Ⅳ.①TG54-44

中国版本图书馆 CIP 数据核字（2020）第 113133 号

中国劳动社会保障出版社出版发行
（北京市惠新东街 1 号　邮政编码：100029）
*
三河市潮河印业有限公司印刷装订　　新华书店经销
787 毫米 ×1092 毫米　16 开本　5.75 印张　135 千字
2020 年 7 月第 1 版　　2025 年 5 月第 6 次印刷
定价：12.00 元

营销中心电话：400-606-6496
出版社网址：http：//www.class.com.cn
http：//jg.class.com.cn

目 录

绪论

一、填空题（将正确答案填写在横线上）

1．铣削是以铣刀的______________为主运动，以______或________的移动为进给运动的一种切削加工方法。

2．铣削加工具有较高的加工精度，其经济加工精度一般为________，表面粗糙度 Ra 值一般为________μm。精细铣削精度可达____，表面粗糙度 Ra 值可达____μm。

3．铣削的主要特点是通常采用____________加工，因____________，所以刀具冷却效果好，__________，______________，加工范围广。

4．在铣床上使用各种不同的铣刀可以加工__________、____________、____________、__________和切断材料等。若配合分度装置的使用，还可加工____________、____________、__________和______________等。

5．坚持安全、文明生产是保障______和________的安全，防止________和________的根本保证，也是搞好____________的重要内容之一。

二、判断题（正确的打“√”，错误的打“×”）

1．IT9 级标准公差所确定的尺寸精度高于 IT7 级标准公差所确定的尺寸精度。（　　）

2．铣削过程中不准用手触摸工件表面。（　　）

3．铣削是加工平面的主要方法之一。（　　）

4．工作结束后应先关闭机床电源，再擦拭机床、清理场地。（　　）

5．铣削时，自动进给完毕，应先停止进给，再停止铣床主轴的旋转。（　　）

三、简答题

1．简述安全生产注意事项。

2．简述文明生产要求。

第一章 铣削的基本知识

§1-1 铣床简介

一、填空题（将正确答案填写在横线上）

1．常用典型的普通铣床有________、________、________和________四种。

2．X6132型铣床悬梁和刀杆支架的主要作用是用来支承________，以增强刀杆的________。

3．X6132型铣床的主轴是一前端带有锥度为________锥孔的空心轴，用来安装________和________。

4．图1-1所示为X6132型铣床的外形结构，请填写出其各部件的名称。

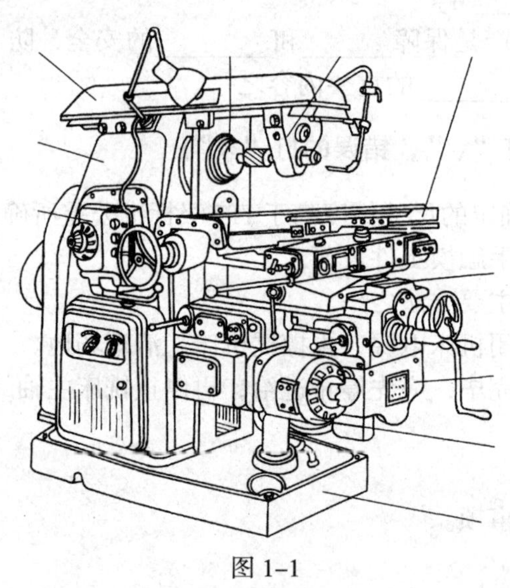

图1-1

5．卧式升降台铣床是________位置与工作台台面________，具有可沿床身导轨________移动的升降台的铣床，通常安装在升降台上的________和________可分别做纵向、横向移动。

二、判断题（正确的打“√”，错误的打“×”）

1．卧式铣床主轴轴线与工作台台面平行，立式铣床主轴轴线与工作台台面垂直。（ ）

2．X6132型铣床是卧式铣床，因此不能完成立式铣床的工作。（ ）

3．X6132 型铣床的工作台在水平面内能做 ±45°范围内的任意扳转，而 X5032 型铣床的工作台在水平面内不能扳转。 (　　)

4．铣床升降台可以带动工作台垂向移动。 (　　)

三、选择题（将正确答案的代号填入括号内）

1．铣床的床身一般用（　　）铸成，并经精密的切削加工和时效处理。

A．铸钢　　B．优质灰铸铁　　C．可锻铸铁　　D．球墨铸铁

2．X6132 型铣床工作台纵向、横向、垂向三个方向的进给速度各有（　　）种。

A．12　　B．16　　C．18　　D．20

3．X5032 型铣床的主轴带有套筒装置，主轴可沿自身轴线在（　　）mm 范围做手动进给。

A．0 ~ 70　　B．0 ~ 80　　C．0 ~ 100　　D．0 ~ 150

4．X6132 型铣床的主体是（　　），铣床的主要部件都安装在上面。

A．底座　　B．床身　　C．工作台　　D．升降台

5．X6132 型铣床的垂直导轨是（　　）导轨。

A．梯形　　B．燕尾形　　C．V 形　　D．矩形

四、简答题

解释下列机床型号的含义。

X6132：

X5032：

X8126：

X6325：

X2010C：

XK5032：

XH1060：

§1-2 铣刀简介

一、填空题（将正确答案填写在横线上）

1. 铣刀切削部分的材料常用的有________和________两大类。

2. 测量铣刀的几何角度，常用的辅助平面有________、________和________。

3. 在圆柱形铣刀的铣削过程中，工件上会形成三种表面，即__________、__________和__________。

4. 圆柱形铣刀的主要几何角度包括________、________、________和________。

5. 面铣刀的主要几何角度包括前角、后角、______、______和______。

二、判断题（正确的打"√"，错误的打"×"）

1. 硬质合金用作铣刀切削部分材料时，由于其韧性及承受冲击和振动能力差，因此，主要用于低速铣削。（　　）

2. 圆柱形铣刀的刀齿制成螺旋形可以使铣削平稳、排屑顺畅。（　　）

3. 有一圆柱铣刀上标有 80×100×32，那么它的直径应是 100 mm。（　　）

4. 铣刀的后面总是与已加工表面相对，而切削时产生的切屑总是从铣刀的前面上流过。（　　）

5. 由于增大前角会使切削刃锋利，从而使切削省力，因此前角值越大越好。（　　）

6. 由于增大后角可减小刀具后面与切削平面之间的摩擦，因此后角值越大越好。（　　）

7. 铣刀刀尖是指主切削刃与副切削刃的连接处相当少的一部分切削刃。（　　）

三、选择题（将正确答案的代号填入括号内）

1. 可转位铣刀属于（　　）铣刀。

A. 整体　　B. 机械夹固式　　C. 镶齿

2. 刀齿齿背是（　　）的铣刀称为铲齿铣刀。

A. 阿基米德螺线　　B. 直线　　C. 折线

四、名词解释

1. 前角

2．切削刃

五、简答题

1．回答下列问题：

（1）写出图 1–2 中各种铣刀的名称。

图 1–2

（2）图 1–2 中用来铣削平面的铣刀有______；用来铣削直角沟槽的铣刀有____；用来铣削特形沟槽和特形面的铣刀有______。

2．铣刀切削部分的材料应具备哪些特点？

3．铣刀主要有哪些分类方法？

§1-3　铣削运动、铣削用量和铣削方式

一、填空题（将正确答案填写在横线上）

1．铣削时工件与＿＿＿＿＿＿的＿＿＿＿＿＿称为铣削运动。铣削运动的主运动是＿＿＿＿＿＿＿＿＿＿＿＿＿＿＿。

2．铣削用量的要素包括＿＿＿＿、＿＿＿＿＿、＿＿＿＿＿和＿＿＿＿。

3．铣削速度 v_c 与＿＿＿＿＿＿和＿＿＿＿＿＿有关。铣削时，应根据＿＿＿＿＿＿、＿＿＿＿＿＿和＿＿＿＿＿＿＿＿＿等因素确定铣削速度。

4．铣削时，铣刀在＿＿＿＿＿＿方向上相对工件的＿＿＿＿＿＿称为进给量。根据具体情况的需要，进给量有＿＿＿＿＿＿＿、＿＿＿＿＿＿和＿＿＿＿＿＿三种表述和度量的方法，它们之间的关系是＿＿＿＿＿＿＿＿＿＿。

5．表示铣削弧深的铣削用量是＿＿＿＿＿＿＿。

6．铣削有＿＿＿＿和＿＿＿＿两种方式。

7．根据铣刀与工件之间相对位置的不同，端铣可分为＿＿＿＿＿＿和＿＿＿＿＿＿两种。

二、判断题（正确的打"√"，错误的打"×"）

1．铣削过程中的运动分为主运动和进给运动。（　　）

2．进给速度是工件在进给方向上每分钟相对刀具的位移量。（　　）

3．因为顺铣的铣削力对工件能起压紧作用，铣刀磨损慢，加工面的表面质量较高，且消耗在进给运动方面的功率也较小，因此，周铣时一般都选择顺铣方式。（　　）

4．顺铣时，作用在工件上的力在进给方向的分力与进给方向相反，因此丝杠轴向间隙对顺铣无明显影响。（　　）

5．圆柱形铣刀逆铣时，作用在工件上的垂直铣削力在开始时是向上的，有把工件从夹具中拉出的趋势。（　　）

6．圆柱形铣刀的顺铣与逆铣相比，切削刃一开始就切入工件，切削刃磨损比较小。（　　）

7．圆柱形铣刀可以采用顺铣的条件：铣削余量较小，铣削力在进给方向的分力小于工作台导轨面之间的摩擦力。（　　）

8．对表面有硬皮的毛坯件，不宜采用顺铣。（　　）

三、选择题（将正确答案的代号填入括号内）

1．促使刀具和工件之间产生相对运动，使刀具前面接近工件的运动称为（　　）。

A．辅助运动　　B．进给运动　　C．主运动

2．铣床上进给变速机构标定的进给量单位是（　　）。

A．mm/r　　B．mm/min　　C．mm/z

3．铣削速度 v_c 确定后，转速 n 与铣刀（　　）有关。

A．齿数　　　　　　　　B．长度　　　　　　　　C．直径

4．粗铣时，限制进给量提高的主要因素是（　　）；精铣时，限制进给量提高的主要因素是（　　）。

A．铣削力　　　　　　　B．表面粗糙度　　　　　C．尺寸精度

5．铣床工作台移动时，丝杠螺母副存在的间隙在工作台移动方向的（　　）。

A．前面　　　　　　　　B．中间　　　　　　　　C．后面

四、名词解释

1．主运动

2．铣削速度

3．铣削深度

4．铣削宽度

五、计算题

1．在 X6132 型铣床上，用直径为 63 mm 的圆柱形铣刀以 25 m/min 的铣削速度进行铣削，铣床主轴转速至少应达到多少？

2．在 X5032 型铣床上，用直径为 20 mm、齿数为 3 的立铣刀进行铣削，铣削速度 v_c 为 20 m/min，每齿进给量 f_z 为 0.04 mm/z，确定铣床的转速和进给速度。

3．在 X6132 型铣床上，用直径为 80 mm、齿数为 8 的圆柱形铣刀铣削平面，铣削速度 v_c 为 25 m/min，每齿进给量 f_z 为 0.05 mm/z，确定铣床的转速和进给速度。

§1-4 切 削 液

一、填空题（将正确答案填写在横线上）

1．切削液在切削过程中起__________、________和____________作用。

2．按性质不同，切削液分为______________切削液和________切削液两大类。前者是以______为主、______为辅的切削液，后者是以______为主、______为辅的切削液。

3．粗加工时应采用以______为主的切削液，精加工时应采用以______为主的切削液。

二、判断题（正确的打“√”，错误的打“×”）

1．切削油的主要成分是矿物油，这类切削液的比热容高，流动性较差。（　　）

2．铣削过程中，切削液不应冲注在切屑从工件上分离下来的部位，否则会使铣刀产生裂纹。（　　）

三、选择题（将正确答案的代号填入括号内）

1．采用切削液，能将已产生的切削热从切削区域迅速带走，这主要是切削液具有（　　）作用。

A．润滑　　B．冷却　　C．清洗

2．采用切削液，可以减小切削过程中的摩擦，这主要是切削液具有（　　）作用。

A．润滑　　B．冷却　　C．防锈

3．具有良好冷却性能但防锈性能较差的切削液是（　　）。

A．水溶液　　B．切削油　　C．乳化液

§1-5 常用量具

一、填空题（将正确答案填写在横线上）

1. 游标卡尺通常用来测量工件上的__________、______、________、沟槽______及______等。

2. Ⅰ型游标万能角度尺的测量范围是_____________，并分成________、________、______________、______________四个测量段。

3. 常用外径千分尺的测量精度为________，其微分筒每回转 1 圈，测微螺杆连同微分筒轴向移动______mm。

4. 测量尺寸为 68 mm 的工件，选用的外径千分尺规格是________。

5. 百分表的测量精度是________。百分表的指针转 1 周，转数指针在转数指示盘上转过______，测量杆位移____mm。

6. 直角尺是一种用来检测__________和__________的量具，刀口尺是一种用来检测工件的______和______的量具。塞尺是用于检测两表面间________的量具。

7. 光滑极限量规分为__________________和______________。

8. 量块可用于______和______其他量具、量仪，相对测量时用量块组合成一标准尺寸来调整量具和量仪的零位，以及用于精密机床的______、精密________和直接________精密零件。

9. 正弦规是一种用__________原理，利用________来精确测量______的量具。

二、判断题（正确的打“√”，错误的打“×”）

1. 用极限量规检测工件，不能测得工件实际尺寸的大小，只能判定工件尺寸是否合格。 （ ）

2. 用正弦规来精确测量角度是一种间接测量的方法，测量时还需借助于量块和百分表等量具、量仪。 （ ）

3. 游标万能角度尺是一种用于测量角度的游标量具。 （ ）

4. 用光滑极限量规检验工件时，只有通规能通过而止规不通过工件，才能判定工件合格。 （ ）

三、选择题（将正确答案的代号填入括号内）

1. 工件的直线度或平面度应用（ ）进行检测。

A. 直角尺　B. 塞尺　C. 刀口尺　D. 正弦规

2. 能够检测得到工件实际尺寸的量具是（ ）。

A. 百分表　B. 千分尺　C. 直角尺　D. 塞规

3. 下列量具中属于定值量具的是（ ）。

A. 百分表　B. 千分尺　C. 直角尺　D. 正弦规

四、简答题

1．简述游标卡尺的读数方法。

2. 读出图 1–3 中量具的示值。

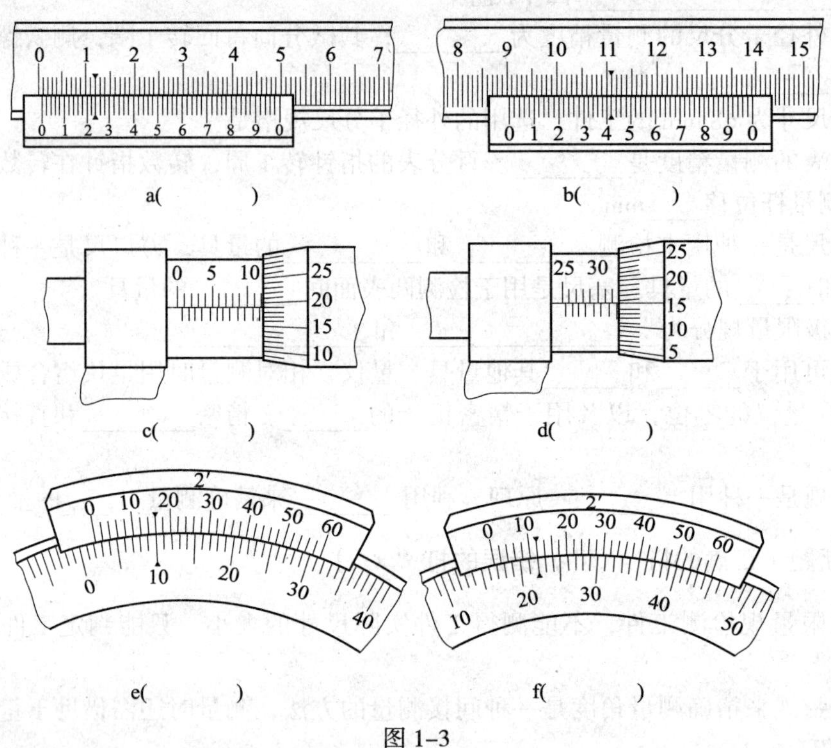

图 1–3

第二章　平面和连接面的铣削

§2-1　平面的铣削

一、填空题（将正确答案填写在横线上）

1. 平面质量的好坏，主要从平面的________和表面的________两个方面来衡量，分别用________和________来考核。

2. 平面铣削的方法有________和________两种。

3. 用周铣方法铣出的平面，其平面度误差的大小主要取决于________________；用端铣方法铣出的平面，其平面度误差的大小主要取决于________________与________________的垂直度误差。

4. 立式铣床主轴轴线与工作台纵向进给方向垂直度的校正也称为________校正。校正的方法主要包括用________________校正和用________校正。

5. 卧式铣床主轴轴线与工作台纵向进给方向垂直度的校正也称为________校正。校正的方法主要包括用________________校正和用________校正。

6. 在铣床上加工中、小型工件时，一般多采用________装夹；加工大型工件则多采用直接在________上用________装夹。

7. 在卧式铣床工作台上安装平口钳时，钳口的方向应根据________来确定。装夹长的工件，钳口平面应与铣床主轴轴线________；装夹短的工件，钳口平面应与铣床主轴轴线________。

二、判断题（正确的打“√”，错误的打“×”）

1. 用面铣刀铣平面，若已加工表面的刀纹呈网状，则说明铣床主轴轴线与进给方向垂直。（　　）

2. 铣削平面时，要获得较小的表面粗糙度值，无论是采用周铣还是端铣，都应减小进给速度和提高铣刀的转速。（　　）

3. 用平口钳装夹工件，既可以进行周铣，也可以进行端铣，但仅适用于中、小型工件的铣削。（　　）

4. 端铣时应尽量采用对称铣削。（　　）

5. 在卧式铣床上用圆柱形铣刀铣削，若铣床工作台“零位”不准，则铣出的平面是一个斜面。（　　）

6. 圆柱形铣刀的圆柱度误差和端铣刀各刀齿不齐会影响加工表面对基准面的垂直度和平行度。（　　）

7．工件的装夹不仅要牢固可靠，还要求有正确的位置。（ ）

8．用纵向进给端铣平面，若用对称铣削，工作台沿横向易产生拉动。（ ）

三、选择题（将正确答案的代号填入括号内）

1．用圆柱形铣刀铣削平面，其平面度误差的大小主要取决于（ ）。
A．铣刀的圆柱度误差　B．铣刀刀齿的锋利程度　C．铣削用量的选择

2．用面铣刀铣削平面，影响平面度误差的因素主要是（ ）。
A．铣床主轴轴线与进给方向不垂直　B．铣刀刀齿参差不齐
C．铣削用量的选择

3．在卧式铣床上铣削不易夹紧的细长且薄的工件时，应选择（ ）。
A．对称铣削　B．顺铣　C．逆铣

4．在铣床上用平口钳装夹工件，其夹紧力应指向（ ）。
A．活动钳口　B．平口钳导轨　C．固定钳口

5．用平口钳装夹工件，工件余量层应（ ）钳口。
A．稍低于　B．稍高于　C．尽量高于

6．用压板压紧工件时，垫块的高度应（ ）工件。
A．稍低于　B．稍高于　C．尽量低于

7．在铣床上采用压板夹紧工件时，为了增大夹紧力，应使螺栓（ ）。
A．远离工件　B．在压板中间　C．靠近工件

§2-2　垂直面和平行面的铣削

一、填空题（将正确答案填写在横线上）

1．连接面包括________面、________面和________面，它们都是相对于某一个已经确定的平面而言的，这个已确定的平面称为______面。

2．连接面的加工，除了需保证该平面的__________和______________要求外，还需保证该平面相对于基准面的____________，以及与基准面之间的__________要求。

3．粗铣第一个垂直面后，用直角尺检测情况如图 2-1 所示，在直角尺长边的内侧有间隙，则说明已加工表面与基准平面间不垂直，它们之间的夹角______90°。若采用固定钳口一侧垫铜皮的临时措施，则铜皮应垫在固定钳口面的____部；若改为在平口钳底座与工作台台面之间垫铜皮，则应垫在靠近______钳口一侧。

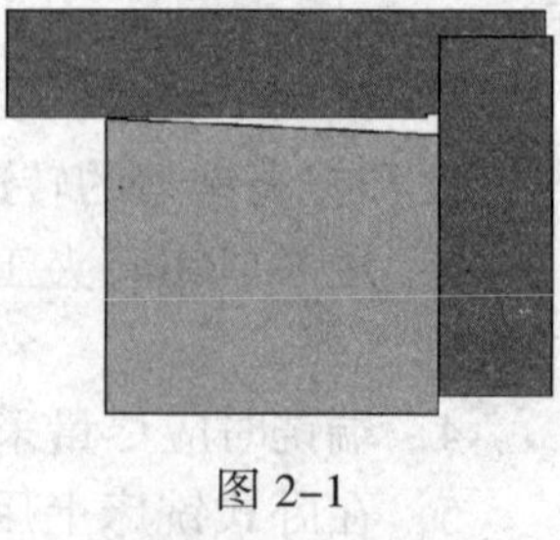

图 2-1

4．在立式铁床上用平口钳装夹端铣平行面，工件的基准面应紧贴__________或__________。

二、判断题（正确的打"√"，错误的打"×"）

1．用周铣法铣削垂直面或平行面时，产生误差的原因是刀尖轨迹形成的平面与基准面

不垂直或不平行。（　　）

2．铣削垂直面时，在工件和活动钳口之间放一根圆棒，是为了使基准面与平口钳导轨面紧密贴合。（　　）

3．用端铣法铣削平行面时，若立铣头主轴与工作台台面不垂直，可能铣成凹面或斜面。（　　）

三、选择题（将正确答案的代号填入括号内）

1．用平口钳装夹铣削垂直面时，若初次铣出的平面与基准面之间夹角小于90°，则应将铜皮或纸片垫在（　　）。

A．固定钳口的下部

B．平口钳底面靠活动钳口后部的一端

C．固定钳口的上部

2．若加工一矩形工件，要求平面 *B* 和平面 *C* 垂直于平面 *A*，平面 *D* 平行于平面 *A*，加工时的定位基准面应是平面（　　）。

A．*B*　　B．*A*　　C．*D*

3．对尺寸较大的工件，通常在（　　）铣削垂直面较合适。

A．卧式铣床上用圆柱形铣刀　　B．卧式铣床上用面铣刀

C．立式铣床上用面铣刀

4．当工件基准面与工作台台面平行时，应在（　　）铣削平行面。

A．立式铣床上用周铣法　　B．卧式铣床上用周铣法

C．卧式铣床上用端铣法

5．在卧式铣床上加工矩形工件，通常选用（　　）铣刀，以使铣削平稳。

A．螺旋粗齿圆柱　　B．错齿三面刃　　C．直齿圆柱

6．铣削矩形工件时，铣好第一面后，按顺序应先加工（　　）。

A．两端垂直面　　B．平行面　　C．两侧垂直面

7．立式铣床主轴与工作台台面不垂直，用横向进给铣削会铣出（　　）。

A．平行面或垂直面　　B．斜面　　C．凹面

8．在卧式铣床上用圆柱形铣刀铣削平行面，造成平行度误差大的原因之一是（　　）。

A．铣刀圆柱度差　　B．切削速度不当　　C．进给量不当

四、简答题

1．铣出的两平面间平行度误差大，分析其产生的原因。

2．铣削长方体的端面时，怎样保证端面与四周连接平面的垂直？

§2-3 斜面的铣削

一、填空题（将正确答案填写在横线上）

1．周铣斜面时，斜面与铣刀的外圆柱面__________；端铣斜面时，斜面与铣刀的端面__________。

2．铣削斜面的方法有________________、________________和________________三种。

3．基准面与工作台台面平行装夹工件，用立铣刀的圆周刃铣削斜面，立铣头扳转的角度 α=__________；用面铣刀铣削斜面，立铣头扳转的角度 α=______。

二、判断题（正确的打"√"，错误的打"×"）

1．调转平口钳钳体角度装夹工件铣斜面时，应先校正固定钳口与卧式铣床主轴轴线垂直或平行。（　　）

2．用倾斜垫铁装夹工件铣斜面，垫铁的倾斜角度应与斜面的倾斜角度相同，且垫铁的宽度应大于工件的宽度。（　　）

3．基准面与工作台台面垂直装夹工件，用面铣刀铣削斜面时，立铣头扳转的角度应等于斜面倾斜角度，即 $\alpha=\beta$。（　　）

4．由于角度铣刀的刀齿强度较差，容屑槽较小，因此应选择较小的每齿进给量。（　　）

5．铣削斜面时，若采用转动立铣头方法铣削，立铣头转角与工件斜面夹角必须相等。（　　）

6．转动立铣头铣斜面，通常使用纵向进给进行铣削。（　　）

7．为了提高铣床立铣头回转角度的精度，可采用正弦规检测并找正。（　　）

三、简答题

1．铣削斜面时，造成斜面倾斜角度不准的原因有哪些?

2．铣削斜面时，工件、铣床、铣刀之间的关系必须满足哪两个条件?

第三章　台阶、沟槽、键槽的铣削和切断

§3-1　台阶和直角沟槽的铣削

一、填空题（将正确答案填写在横线上）

1．用三面刃铣刀铣削台阶时，铣刀的圆柱面切削刃起__________作用，侧面切削刃起______作用。

2．铣削台阶时，铣刀容易向__________的一侧偏让，这种现象称为______。

3．用两把三面刃铣刀组合铣削双面台阶时，两把铣刀必须______________一致，__________相同，两铣刀内侧切削刃间距离等于____________________，装刀时两把铣刀应__________。

4．采用三面刃铣刀铣台阶时，在满足铣刀选择要求的前提下，三面刃铣刀的直径应__________；采用立铣刀铣台阶时，在条件许可的情形下，立铣刀的直径应__________。

5．直角沟槽有__________、__________和__________三种形式。

6．直角通槽主要用__________铣削，也可以用________、________、________来铣削。

7．由于立铣刀的端面切削刃不通过________，因此，用立铣刀铣削穿通的封闭式直角沟槽时应预钻__________。

8．用三面刃铣刀铣直角通槽，当槽宽尺寸精度要求较高时，通常选择宽度________的三面刃铣刀，采用__________法，分______________将槽宽铣削至要求。

二、判断题（正确的打“√”，错误的打“×”）

1．在卧式铣床上用三面刃铣刀铣削直角斜通槽，应先校正固定钳口与纵向进给方向平行，然后将工作台扳转一个斜角，装夹工件进行铣削。（　　）

2．用立铣刀铣削台阶面时，若立铣刀外圆上的切削刃铣削台阶侧面，则端面上的切削刃铣削台阶平面。（　　）

3．用三面刃铣刀铣削两侧台阶面，铣好一侧后，铣另一侧时横向移动距离为凸台宽度与铣刀宽度之和。（　　）

4．对称度要求较高的台阶面通常采用换面法加工。（　　）

5．封闭式直角沟槽可直接用立铣刀加工。（　　）

6．铣削直角沟槽时，若三面刃铣刀轴向摆差较大，铣出的槽宽会小于铣刀宽度。（　　）

三、选择题（将正确答案的代号填入括号内）

1. 用两把三面刃铣刀组合铣削双面台阶时，两铣刀内侧切削刃间的距离应根据（　　）确定。

A. 图样尺寸　　B. 试铣实测尺寸

C. 铣刀安装后测量的内侧尺寸

2. 在卧式铣床上用三面刃铣刀铣削台阶，为了减少铣刀偏让，应选用（　　）的三面刃铣刀。

A. 厚度较小　　B. 直径较大　　C. 直径较小、厚度较大

3. 当台阶的尺寸较大时，为了提高生产效率和加工精度，应在（　　）铣削加工。

A. 立式铣床上用面铣刀　　B. 卧式铣床上用三面刃铣刀

C. 立式铣床上用键槽铣刀

4. 用两把直径相同的三面刃铣刀组合铣削台阶时，考虑到铣刀偏让，应用刀杆垫圈将铣刀内侧的距离调整到（　　）工件所需要的尺寸进行试铣。

A. 略小于　　B. 等于　　C. 略大于

5. 在卧式万能铣床上用盘形齿轮铣刀铣削台阶时，台阶两侧面上窄下宽，呈弧形凹面，这种现象是由（　　）引起的。

A. 铣刀刀尖有圆弧　　B. 工件定位不准确

C. 工作台“零位”不准

6. 封闭式直角沟槽通常选用（　　）铣刀铣削加工。

A. 三面刃　　B. 键槽　　C. 盘形槽

四、简答题

1. 铣削台阶时，可采取哪些措施来减少铣刀偏让的影响？

2. 铣削台阶时，影响表面粗糙度的因素有哪些？

3．立铣头、工作台的“零位”不准，对铣出的台阶、直角沟槽的尺寸、形状和位置精度有什么影响？

§3-2 轴上键槽的铣削

一、填空题（将正确答案填写在横线上）

1．铣削轴上键槽时，工件的常用装夹方法有________装夹、________装夹和________装夹。

2．直径在 20 ~ 60 mm 范围内的长轴工件，在铣削键槽时，可将其直接放置在______上定位，用______压紧装夹。

3．铣削轴上键槽时，调整铣刀切削位置的方法有________对中心、________对中心和________对中心等。使用简便、最为常用的方法是________，对中心精度最高的方法是________。

4．半圆键连接是用______来实现周向固定和传递转矩的一种键连接，半圆键槽需用______进行铣削，其宽度尺寸通常用______或______进行检测。

二、判断题（正确的打“√”，错误的打“×”）

1．若轴上半封闭键槽配装一端带圆弧的平键，该槽应选用三面刃铣刀铣削。（　）

2．为了铣削出精度较高的键槽，键槽铣刀安装后需找正两切削刃与铣床主轴的对称度。（　）

3．用直径较小的立铣刀和键槽铣刀铣削直角沟槽，由于作用在铣刀上的力会使铣刀偏让，因此铣刀切削位置会有少量改变。（　）

4．铣削一批直径偏差较大的轴类工件键槽，宜选用机床用平口钳装夹工件。（　）

5．采用 V 形垫铁装夹不同直径的轴类零件，可保证工件的中心位置始终不变。（　）

6．用盘铣刀在轴类工件表面采用切痕法对刀，其切痕是椭圆形的。（　）

7．键槽铣刀的切痕对刀法是使铣刀的切削刃回转轨迹落在矩形小平面切痕的中间位置。（　）

8．用环表法对刀时，百分表测头应与工件的素线相接触，然后进行找正。（　）

9．在通用铣床上铣削键槽，大多采用分层铣削的方法。（　）

10．键槽铣刀用钝后，通常应修磨端面刃。（　）

11．用直径较小的铣刀铣削封闭键槽，对称度超差的原因除对刀精度差外，还有铣削时的“让刀”量太大。（　）

三、选择题（将正确答案的代号填入括号内）

1. 铣削对称度要求高的平键槽时，铣刀对中心一般应采用（　　）。

A. 用百分表调整对中心　　B. 按切痕调整对中心

C. 擦侧面调整对中心

2. 用宽度为 12 mm 的盘形槽铣刀铣削平键槽，轴的直径为 40 mm，采用擦侧面调整对中心，贴纸厚度为 0.12 mm，当铣刀擦纸后，降下工作台并退出工件，然后应将工作台横向移动（　　）mm。

A. 46.12　　B. 26.06　　C. 26.12

3. 批量生产中，采用一次调整、定距铣削平键槽，工件采用（　　）装夹时，工件直径的变化对轴上键槽深度和对称度误差影响最小。

A. 平口钳　　B. V 形垫铁　　C. 分度头、尾座两顶尖

4. 用 V 形垫铁装夹工件，在立式铣床上用键槽铣刀定距铣削平键槽，一批工件的直径公差为 0.10 mm，铣出的键槽深度的最大误差是（　　）mm。

A. 0.10　　B. 0.07　　C. 0.05

5. 用平口钳装夹工件，铣出的键槽两侧面与工件轴线不平行，原因有（　　）。

A. 工件外圆直径不一致，有大小头　　B. 平口钳固定钳口未校正好

C. 铣削时“让刀”量太大

6. 铣削轴上键槽时，（　　）会影响铣出的键槽宽度尺寸。

A. 铣刀对中心不准

B. 铣削深度、进给量过大，有“让刀”现象

C. 铣刀的径向或端面圆跳动大，有摆差

7. 键槽铣刀用钝后，为了保持其外径尺寸不变，应修磨铣刀的（　　）。

A. 周刃　　B. 端刃　　C. 周刃和端刃

8. 半圆键槽铣刀端面带有中心孔，可在卧式铣床支架上安装顶尖顶住铣刀中心孔，以增加铣刀的（　　）。

A. 强度　　B. 刚度　　C. 硬度

9. 半圆键槽铣削过程中，铣削量（　　）。

A. 保持不变　　B. 逐渐增大　　C. 逐渐减小

10. 在批量生产中，检验键槽宽度是否合格，通常应选用（　　）检验。

A. 塞规　　B. 游标卡尺　　C. 内径千分尺

11. 若键槽铣刀与铣床主轴的同轴度误差为 0.01 mm，则铣出的键槽宽度尺寸（理论值）会比铣刀直径大（　　）mm。

A. 0.01　　B. 0.03　　C. 0.05

12. 若铣出的键槽底面与工件轴线不平行，原因是（　　）。

A. 工件上素线与工作台台面不平行

B. 工件侧素线与进给方向不平行

C. 工件铣削时轴向位移

§3-3　特形沟槽的铣削

一、填空题（将正确答案填写在横线上）

1．常见的特形沟槽有________槽、________槽和__________槽等。

2．V 形槽的铣削方法有________________、____________和____________三种。

3．V 形槽的检测项目主要有___________、___________和___________。

4．T 形槽由________和________组成。

5．在工作台上，用于机床附件、夹具定位的 T 形槽是________槽，它的尺寸精度和形状、位置精度要求高于________槽。

6．燕尾结构主要用作运动的________件或________件。燕尾槽的槽角采用最普遍的是__________。

二、判断题（正确的打“√”，错误的打“×”）

1．用立铣刀铣穿通的封闭槽和用 T 形槽铣刀铣两端不穿通的 T 形槽，铣削前都应该钻落刀孔，落刀孔的直径应略小于立铣刀或 T 形槽铣刀切削部分的直径。（　　）

2．铣削 V 形槽时，通常应先铣出 V 形部分，然后铣削中间窄槽。（　　）

3．T 形槽铣刀折断的原因之一是铣削时排屑困难。（　　）

4．铣削 T 形槽底槽时，可直接用半圆键槽铣刀代替 T 形槽铣刀。（　　）

5．铣削燕尾槽时，应按 1∶50 的斜度选择燕尾槽铣刀。（　　）

6．燕尾槽与燕尾配合时，中间应使用镶条，目的是便于调整配合间隙。（　　）

三、选择题（将正确答案的代号填入括号内）

1．铣削 T 形槽时，首先应加工（　　）。

A．直槽　　B．底槽　　C．倒角

2．铣削 T 形槽时，通常可将直槽铣得（　　），以减小 T 形铣刀端面摩擦，改善切削条件。

A．比底槽略浅些　　B．与底槽接平　　C．比底槽略深些

3．燕尾槽的宽度通常用（　　）测量。

A．内径百分尺直接　　B．样板比较

C．标准量棒和量具配合

四、计算题

1．如图 3–1 所示，测量槽角为 120° 的 V 形槽，用直径为 30 mm 的标准量棒测得量棒上素线至 V 形槽上平面的距离 h=17.87 mm，求 V 形槽的宽度 B。

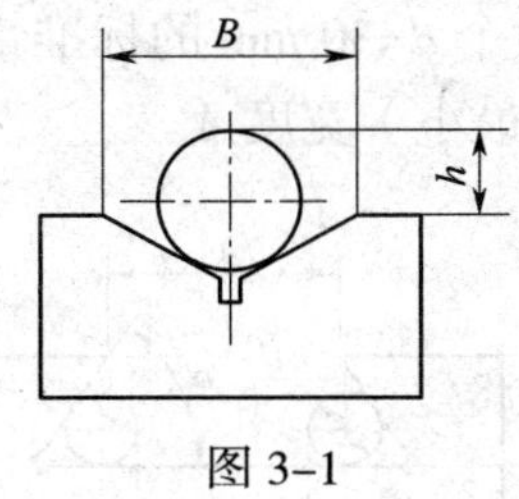

图 3–1

2. 如图 3–2 所示，用直径分别为 40 mm 和 24 mm 的标准量棒检测 V 形槽，测得 H=52 mm、h=32.70 mm，计算 V 形槽的实际槽角 α。

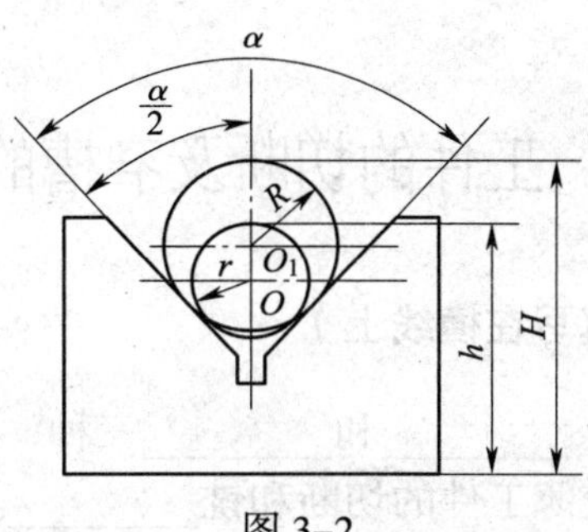

图 3–2

3．燕尾槽如图 3–3 所示，用两个 d=30 mm 的标准量棒检测，测得 M=28.40 mm，已知 α=55°，H=40 mm，求燕尾槽槽口（最小）宽度 A。

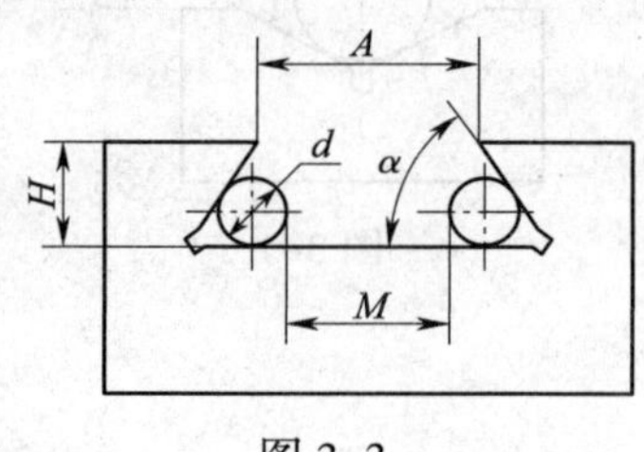

图 3–3

§3–4 工件的切断及窄槽的铣削

一、填空题（将正确答案填写在横线上）

1．锯片铣刀可分为______、______和________三种，其中______适用于工件的切断，而________和________适用于较薄工件的切断和铣________。

2．锯片铣刀因______小而______较大，因而________较差，______较低，加之切断时的深度又较深，受力较大，铣削中容易________。

3．切断工件时应尽量采用______________，进给速度要______。切断钢件时应充分浇注__________。

4．窄槽一般采用________铣刀或________铣刀铣削。

5．若将图 3–4 所示的工件沿长度方向分为宽度为 48 mm 的两块，应采用________________________________装夹进行铣削较为方便；若装夹时螺钉上端距工作台台面高度为 50 mm，切断时应选择____×____×____的____（a 粗齿、b 细齿）锯片铣刀；装夹时工件的切缝应位于________________的上方，并应在工件和______之间加一块较厚的________，以增加工件的刚度。

6．切断图 3–4 所示的工件时应采用______（a 顺铣、b 逆铣、c 顺铣或逆铣均可）；切断时应使铣刀圆周刃尽量与________________相切，或__________________。

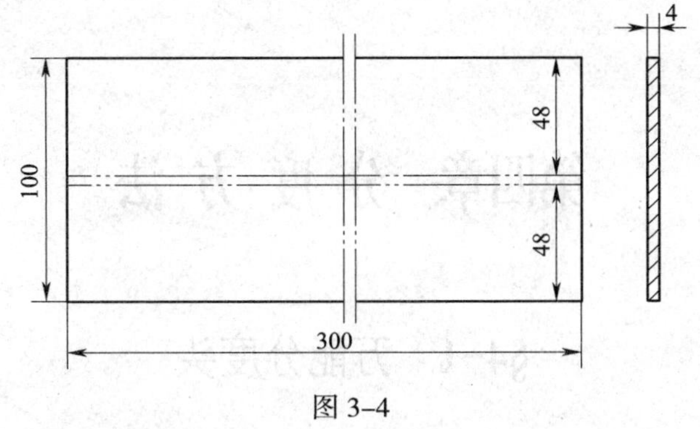

图 3–4

二、判断题（正确的打“√”，错误的打“×”）

1．为了防止锯片铣刀松动，通常在刀杆与锯片铣刀之间安装平键。（　　）

2．装夹切断加工工件时，应使切断处尽量靠近夹紧点。（　　）

3．增大锯片铣刀与工件的接触角，减小垂直分力，可减少和防止产生打刀现象。（　　）

4．在卧式万能铣床上切断较宽的工件，工作台“零位”不准会使铣刀扭曲折损。（　　）

5．窄槽的技术要求较高，在铣削时应采用比切断时较小的铣削速度和进给量。（　　）

三、选择题（将正确答案的代号填入括号内）

1．锯片铣刀和切口铣刀的厚度自圆周向中心凸缘（　　）。

A．逐渐增厚　　B．平行一致　　C．逐渐减薄

2．为了减少振动，避免锯片铣刀折损，切断时通常应使铣刀外圆（　　）。

A．尽量高于工件底面　　B．尽量低于工件底面

C．略高于工件底面

3．为防止紧刀螺母在铣削时松动，可在（　　）的刀杆垫圈内安装键。

A．靠近主轴一侧　　B．靠近紧刀螺母

C．靠近铣刀外侧

4．铣削螺钉上的窄槽时，调整和装拆时间较少的装夹方法是（　　）。

A．用对开螺母装夹　　B．用带硬橡胶的 V 形块装夹

C．用特制螺母装夹

四、简答题

安装锯片铣刀的注意事项有哪些？

第四章 分度方法

§4-1 万能分度头

一、填空题（将正确答案填写在横线上）

1．万能分度头可对工件进行__________、________、__________________和通过交换齿轮与________________________连接加工螺旋线、等速凸轮等，从而扩大了铣床的加工范围。

2．F11125型万能分度头蜗杆蜗轮副的传动比是________，也称为分度头的______。

二、判断题（正确的打“√”，错误的打“×”）

1．分度盘用来配合分度手柄完成非整转数的分度工作。（　　）

2．分度头无论配备1块还是2块分度盘，分度盘上各孔圈的孔数结构是相同的。（　　）

3．分度头主轴是空心轴，两端均有莫氏锥度的内锥孔。（　　）

4．万能分度头的侧轴通过交错轴斜齿轮传动与分度盘相联系。（　　）

5．万能分度头的分度手柄直接带动蜗杆副使主轴旋转。（　　）

6．F11125型分度头只备有一块分度盘（孔盘），最大的孔圈数是40。（　　）

7．分度叉的作用是便于多次重复使用相同孔圈数的分度操作。（　　）

8．在分度头上采用两顶尖装夹工件，鸡心夹、拨盘与分度头主轴是通过锥度配合连接的。（　　）

9．分度头尾座具有顶尖手轮，后顶尖可沿高低、左右、前后几个方向进行调整。（　　）

三、选择题（将正确答案的代号填入括号内）

1．铣床上最常用的分度头是（　　），其中心高为125 mm。

A．F1163　　B．F11125　　C．F11250

2．F11125型分度头夹持工件的最大直径是（　　）mm。

A．125　　B．250　　C．500

3．选用鸡心夹、尾座和拨盘装夹工件的方式适用于（　　）的轴类工件装夹。

A．较短　　B．一端有中心孔　　C．两端有中心孔

4．F11125型分度头定数是40，表示（　　）。

A．传动蜗杆的直径　　B．主轴上蜗轮的模数

C．主轴上蜗轮的齿数

5．F11125 型分度头主轴两端的内锥是（　　）。

A．莫氏 3 号　　B．米制 7∶24　　C．莫氏 4 号

6．F11125 型分度头主轴可在（　　）范围内调整主轴倾斜角。

A．$-6° \sim 90°$　　B．$0° \sim 90°$　　C．$-45° \sim 45°$

7．分度头蜗杆脱落手柄的作用是（　　）。

A．调节分度头主轴间隙　　B．调节蜗杆轴向间隙

C．脱开或啮合蜗杆蜗轮副

8．分度头的分度盘的圈数最少（最多）是（　　）。

A．24（62）　　B．24（66）　　C．30（66）

四、简答题

万能分度头主要包括哪些附件？

§4-2　简单分度法

一、填空题（将正确答案填写在横线上）

1．简单分度法又称________分度法。分度时先将______固定，转动______，通过蜗杆蜗轮副带动______和工件转动。

2．用简单分度法作 14 等分时，每次分度，分度手柄应转____r 且在孔数为______的孔圈上转过______个孔距。

3．回转工作台又称________，它的规格以____________表示，常用的规格有__________、__________、______和__________四种。

4．角度分度法是____________的另一种形式，它是根据分度手柄转一转，分度头主轴转过________的对应关系进行换算的。

二、判断题（正确的打“√”，错误的打“×”）

1．简单分度时，如果分度手柄需要在某孔圈上转过 k 个孔距，那么应调整分度叉的夹角，使两叉脚间包含 k 个孔。（　　）

2．利用分度盘上的孔圈和分度叉，可以进行 2 ~ 66 之间任意等分数的简单分度。（　　）

3．手动回转工作台只能手动进给，机动回转工作台只能机动进给。（　　）

4．简单分度法是根据分度头的蜗轮齿数（定数）和工件的等分数来计算操作的。

（　　）

5．运用简单分度公式计算的结果都是带分数的。（　　）

6．当分度手柄转数 n 为分数时，应使分子分母同时扩大或缩小一个整倍数，使分子值与分度盘上某一孔圈数相同。（　　）

三、选择题（将正确答案的代号填入括号内）

1．下列各等分数中，不能进行简单分度的有（　　）。

A．178　　B．61　　C．105

2．在 F11125 型万能分度头上铣削齿数 z=60 的直齿圆柱齿轮时，每铣一齿，分度手柄应转过（　　）r。

A．36/54　　B．18/27　　C．44/66

3．若工件的等分数是 63，用万能分度头分度时应采用（　　）分度法。

A．简单　　B．角度　　C．差动

4．在 F11125 型分度头上铣削 z=80 的直齿圆柱齿轮时，每次分度时分度手柄应转过（　　）r。

A．2　　B．1/2　　C．1

5．在 F11125 型分度头上需转过 θ=18 020′，应通过公式（　　）计算分度手柄转数 n。

A．θ/90　　B．θ/540　　C．θ/9

6．若需分度头按 180、240、360 分度，应采用（　　）分度法进行分度。

A．简单　　B．角度　　C．差动

7．不是整转数的分度（如 24/66）可通过分度头的（　　）达到分度要求。

A．分度叉　　B．分度盘　　C．主轴刻度盘

四、计算题

1．在 F11125 型万能分度头上铣削齿数 z=52 的直齿圆柱齿轮，应如何分度？

2．在 F11125 型万能分度头上铣削相间角度为 52° 30′的两个键槽，铣削完第一个键槽后，应如何调整分度头？

§4-3 差动分度法

一、填空题（将正确答案填写在横线上）

1. 差动分度法是在分度头__________装上挂轮轴，用交换齿轮把分度头的______与______连接起来，分度时松开______的紧固螺钉，按预定的转数转动分度手柄进行分度，在分度头主轴转动的同时，______相对于分度手柄向相同或相反的方向转动。

2. 差动分度计算得到的交换齿轮的传动比为负值时，分度盘与分度手柄的转向应____；交换齿轮的传动比为正值时，分度盘与分度手柄的转向应______。分度盘的转向可通过在交换齿轮中加______来调整。

二、判断题（正确的打"√"，错误的打"×"）

1. 差动分度时，分度盘随主轴的转动而转动。（ ）

2. 计算分度头交换齿轮时，主动轮与从动轮可同时扩大或缩小倍数，也可以互借倍数。（ ）

3. 差动分度时，交换齿轮是配置在分度头主轴和侧轴之间的。（ ）

4. 由差动分度的传动关系可知，侧轴与分度盘的转速是相同的。（ ）

三、选择题（将正确答案的代号填入括号内）

1. 差动分度时，交换齿轮中的中间齿轮作用之一是改变（ ）。
   A. 从动轮转向　　B. 从动轮转速　　C. 速比

2. 分度头主轴挂轮轴与主轴是通过内外（ ）连接的。
   A. 螺纹　　B. 花键　　C. 锥度体

3. 差动分度是通过差动交换齿轮使（ ）做差动运动来进行分度的。
   A. 分度盘和分度手柄　　B. 分度头主轴和工件
   C. 分度头主轴和工作台丝杠

4. 为了使差动分度时分度手柄与分度盘转向相反，应使假定等分数（ ）实际等分数。
   A. 等于　　B. 小于　　C. 大于

5. 用差动分度法分度时，安装在侧轴上的交换齿轮是（ ）。
   A. 主动轮　　B. 从动轮　　C. 中间轮

6. 用差动分度法分度时，分度手柄的转数 n_o 按（ ）计算确定。
   A. $40/z_o$　　B. $40/z$　　C. $z_o/40$

7. 配置差动分度交换齿轮时，齿轮架应套装在（ ）上。
   A. 分度头主轴　　B. 分度头侧轴　　C. 工作台丝杠

§4-4 直线移距分度法

一、填空题（将正确答案填写在横线上）

1. 直线移距分度法是用交换齿轮将分度头______或____与工作台____________连接起来，操作时，转动分度手柄，经由齿轮传动，即可实现________的精确移距。常用的直线移距分度法有______________和______________两种。

2. 主轴挂轮法利用了分度头的______作用，分度手柄转动若干转，工作台纵向移动一个很小的距离。这种方法适用于间隔距离________或移距________要求较高的分度场合。

3. 侧轴挂轮法是在分度头______与工作台______________之间安装交换齿轮，并将分度头主轴________，此时分度手柄被固定。松开分度盘左侧的________，分度时分度盘转动，以分度手柄上的________作为衡量分度盘转动多少的依据。

二、判断题（正确的打"√"，错误的打"×"）

1. 在分度头交换齿轮传动中，中间齿轮不改变从动轮的转速，但改变从动轮的转向。（　　）

2. 配置分度头交换齿轮时，在符合搭配原则的前提下，主动轮之间和从动轮之间可以互换位置。（　　）

三、选择题（将正确答案的代号填入括号内）

1. 用主轴挂轮法直线移距分度时，从动轮应配置在（　　）。

A. 分度头侧轴上　　B. 机床工作台丝杠上

C. 分度头主轴上

2. 采用主轴挂轮法直线移距分度，计算交换齿轮比时，n 的选取范围是（　　）。

A. 1 ~ 10　　B. 10 ~ 20　　C. 0.1 ~ 1

3. 交换齿轮配置时，若不考虑中间轮，主动轮和从动轮的搭配原则之一是（　　）。

A. $z_1+z_2>z_3+$（15 ~ 20）　　B. $z_1+z_3>z_2$

C. $z_2+z_4>z_1$

第五章　外花键和牙嵌离合器的铣削

§5-1　外花键的铣削

一、填空题（将正确答案填写在横线上）

1. 花键连接是两零件上________且________的键齿相互连接，并传递_____或_____的同轴偶件。

2. 在铣床上铣削外花键的常用方法有________、______和________三种。

3. 在铣床上用单刀铣削外花键时，常用的对刀方法有____________、____________和____________三种，其中____________的对刀精度最高。

4. 铣削外花键时的检测项目主要有：用_________或________检测_____和_______尺寸；用________检测外花键侧面相对工件轴线的__________和__________。

二、判断题（正确的打“√”，错误的打“×”）

1. 在铣床上铣削外花键时，选用的三面刃铣刀外径越小越好，宽度越宽越好，这样可以提高铣刀刚度。（　　）

2. 用一把三面刃铣刀铣削外花键时，对刀的要求是使铣刀的侧面切削刃通过花键的齿侧面。（　　）

3. 矩形花键的小径定心是指以外花键的外径定位。（　　）

4. 在铣床上用三面刃铣刀铣削的外花键通常留有磨削余量或采用大径定心。（　　）

5. 在铣床上用三面刃铣刀单刀加工矩形外花键，至少需要分三步切削才能铣成外花键齿槽。（　　）

6. 在铣床上铣削外花键，所选用的三面刃铣刀的宽度应通过计算确定。（　　）

7. 铣削外花键中间槽时，三面刃铣刀宽度的中分平面必须通过矩形键侧面。（　　）

8. 用三面刃铣刀单刀铣削外花键时，只需将铣刀的侧刃对准键侧划线，便可保证外花键较高的对称度要求。（　　）

9. 铣削外花键侧面只需达到键宽尺寸要求。（　　）

10. 用锯片铣刀铣削小径圆弧面，铣出的是多边形表面。（　　）

11. 用成形铣刀铣削外花键小径时，为了调整小径尺寸，第一槽试铣后应转过180°铣第二槽。（　　）

12. 用两把三面刃铣刀组合铣削外花键，铣刀的外径尺寸不要求相等，而宽度尺寸要求完全相同。（　　）

13. 用两把三面刃铣刀组合铣削外花键，铣刀之间的垫圈厚度尺寸应等于外花键键宽

尺寸。（ ）

14. 外花键的平行度是指键侧之间的平行度，不包括键侧与工件轴线的平行度。（ ）

15. 外花键的对称度是指键两侧面的中分平面通过工件轴线。（ ）

16. 外花键键侧平行度超差是因为加工时工件侧素线与工作台台面不平行。（ ）

17. 在铣削外花键过程中，工件松动产生周向微量位移，会引起等分度超差等弊病。（ ）

三、选择题（将正确答案的代号填入括号内）

1. 目前使用最广泛的花键是（ ）花键，通常可在卧式铣床上铣削加工。

A. 矩形　B. 渐开线　C. 三角形

2. 矩形花键的标准定心方式是（ ）定心，因此铣削花键时一般均留有磨削余量。

A. 大径　B. 小径　C. 齿侧

3. 用三面刃铣刀铣削矩形花键，若用侧刃铣削花键齿侧时，为了保证花键齿侧与轴线平行，应找正（ ）。

A. 工件上素线与工作台台面平行

B. 工件侧素线与进给方向平行

C. 工件上素线与进给方向平行

4. 在成批大量生产中，通常使用（ ）检验外花键。

A. 综合量规　B. 千分尺　C. 塞规

5. 铣成的外花键，若小径两端尺寸大小不一，主要原因是（ ）。

A. 工件上素线与工作台台面不平行

B. 工件侧素线与进给方向不平行

C. 工件上素线与进给方向不平行

6. 用三面刃铣刀铣削外花键时，若刀杆垫圈端面不平行，致使铣刀侧面跳动量过大，会导致外花键（ ）。

A. 键宽尺寸超差　B. 键侧与工件轴线不平行

C. 小径尺寸超差

7. 外花键的等分精度差，主要原因是（ ）。

A. 铣刀不锋利　B. 进给量较大　C. 分度头精度太差

四、简答题

1. 用组合铣刀铣削外花键时，选择和安装组合铣刀应注意哪些问题？

2. 在铣削外花键装夹工件时应做哪些校正？工件轴线若与进给方向不平行会产生什么问题？若与工作台台面不平行又会产生什么问题？

§5-2　牙嵌离合器的铣削

一、填空题（将正确答案填写在横线上）

1. 牙嵌离合器按其齿形可分为__________、__________、__________和__________离合器等几种。

2. 牙嵌离合器一般都是______使用的，两相互嵌合的离合器必须______，______必须吻合，__________必须一致。

3. 铣削梯形收缩齿离合器的_____铣刀可用 $\theta=\varepsilon$ 的______铣刀改制，使铣刀的齿顶宽度等于________________即可。

4. 铣削奇数矩形齿离合器时，铣刀可穿过离合器的____________。

5. 铣齿侧间隙的方法有__________和__________两种。对于精度要求较高的矩形齿离合器，应采用__________铣齿侧间隙。

6. 一对离合器正确嵌合时，其接触齿数应不少于______________，贴合面积应不小于______。

7. 铣出的牙嵌离合器齿侧工作面表面粗糙度达不到要求的原因：____________，____________，____________，____________及切削液浇注不充分等。

二、判断题（正确的打“√”，错误的打“×”）

1. 尖齿形齿、梯形齿和锯齿形齿离合器都是收缩齿离合器。（　　）

2. 铣削等高齿离合器时，分度头主轴应垂直于工作台台面。（　　）

3. 铣削偶数矩形齿离合器时，铣刀不能穿过离合器整个端面，所以它的齿侧面不通过离合器轴线。（　　）

4. 铣削尖齿形齿离合器时，不论其齿数是奇数还是偶数，每分度一次只能铣出一条齿槽。（　　）

5. 牙嵌离合器是依靠离合器端面上的齿牙的嵌入和脱离来传递和切断运动与转矩的。（　　）

6. 一对牙嵌离合器嵌合时，接触齿数太少或贴合面积太小，都会影响其承载能力。（　　）

7．铣削偶数矩形齿离合器时，各齿槽同一侧面铣削完毕，应使三面刃铣刀的另一侧刃移到工件的中心位置，移动的距离应为铣刀实际宽度的1/2。（　　）

8．铣削偶数矩形齿离合器时，铣完各齿槽同一侧后，分度头主轴需转过1/2分齿角，使齿槽另一侧处于铣削中心位置。（　　）

9．由于奇数矩形齿离合器与偶数矩形齿离合器相比有较好的工艺性，所以奇数矩形齿离合器应用较广泛。（　　）

10．梯形收缩齿离合器的齿槽底与工件轴线不垂直，成一定夹角。（　　）

三、选择题（将正确答案的代号填入括号内）

1．铣削矩形齿牙嵌离合器时，若采用偏移中心法获得齿侧间隙，离合器在啮合时，齿侧面将（　　）。

A．在齿部外圆处接触　B．在齿部内孔处接触　C．全部接触

2．铣削偶数矩形齿离合器时，为保证三面刃铣刀不铣坏对面齿，铣刀直径应满足限制条件，限制条件与（　　）有关。

A．齿部孔径、齿深和铣刀宽度　B．分齿角和齿部外径　C．齿数和齿深

3．下列离合器中，铣削时不需要分度头主轴倾斜一个角度的有（　　）离合器。

A．矩形齿　B．梯形等高齿　C．锯齿形齿

4．牙嵌离合器的（　　）是工作面，其表面粗糙度 Ra 值应达 3.2 ~ 1.6 μm。

A．齿顶面　B．齿侧面　C．齿内圆柱面

5．铣削（　　）离合器时，对刀的方法是先用试切对中心法使铣刀廓形的对称线对准离合器轴线，然后按 $e=\frac{B}{2}+\frac{T}{2}\tan\frac{\theta}{2}$ 将工作台横向移动距离 e。

A．梯形收缩齿　B．梯形等高齿　C．尖齿形齿

6．由于（　　）等，会引起矩形齿、梯形等高齿齿槽底面未接平，有较明显的凸台。

A．分度头主轴轴线与工作台台面不垂直

B．立铣头主轴轴线与工作台台面不垂直

C．三面刃铣刀圆柱面切削刃有缺陷

7．铣削尖齿形齿离合器时，若切深过深，会造成齿顶过尖，则一对离合器嵌合时（　　）。

A．接触齿数太少　B．贴合面积不够　C．齿侧面不贴合

8．用三面刃铣刀铣削离合器时，常在全部齿槽铣完后将工件转过一个2° ~ 4°的小角度，然后将所有齿槽一侧依次再铣去一些，以获得齿侧间隙。这种方法适用于铣削精度要求较高的（　　）离合器。

A．奇数矩形齿　B．偶数矩形齿　C．奇数梯形等高齿

9．梯形等高齿离合器齿侧是斜面，斜面（　　）通过离合器的轴线。

A．与齿顶交线　B．与槽底交线　C．中间线

10．铣削（　　）矩形齿离合器时选择三面刃铣刀，除宽度外，直径也受到限制。

A．奇数　　B．偶数　　C．奇数和偶数

11．铣削偶数矩形齿离合器时，若因工件尺寸限制导致铣刀直径不能满足限制条件，则应使用（　　）。

A．宽度较大的三面刃铣刀　　B．直径较大的三面刃铣刀

C．直径小于齿槽最小宽度的立铣刀

12．矩形齿牙嵌离合器的齿侧是一个（　　）。

A．通过轴心的径向平面　　B．垂直轴向的平面

C．与轴线成一定夹角的平面

四、连线题

在以下分度头倾角公式中找出不同离合器铣削时的倾角公式，将对应者连线。

$\cos\alpha=\tan\dfrac{180°}{z}\cot\varepsilon$　　梯形收缩齿离合器

$\cos\alpha=\tan\dfrac{90°}{z}\cot\dfrac{\varepsilon}{2}$　　尖齿形齿离合器

$\cos\alpha=\tan\dfrac{360°}{z}\cot\varepsilon$　　锯齿形齿离合器

五、计算题

1．矩形齿离合器齿数 z=8，齿圈内径 d_1=50 mm，齿槽深 T=10 mm，确定铣削用三面刃铣刀的规格。

2．尖齿形齿离合器的齿形角 ε=60°，齿数 z=24，计算铣削时分度头的起度角 α。

3．锯齿形齿离合器的齿形角 ε=60°，齿数 z=30，计算铣削时分度头的起度角 α。

4．梯形收缩齿离合器的齿形角 ε=40°，齿数 z=18，计算铣削时分度头的起度角 α。

六、简答题

1．牙嵌离合器的技术要求有哪些?

2. 比较铣削奇数矩形齿离合器和偶数矩形齿离合器的方法有何不同。

第六章　在铣床上加工孔

§6-1　在铣床上钻孔

一、填空题（将正确答案填写在横线上）

1．在铣床上钻孔时，________________是主运动，工件或钻头沿________的移动是进给运动。

2．钻孔时的切削深度 a_p 等于麻花钻________的一半。

3．钻孔时进给量的选取与所钻孔的________、__________及________________有关，在铣床上钻孔一般采用________进给。

4．麻花钻主要由________、________和柄部构成。

二、判断题（正确的打“√”，错误的打“×”）

1．钻孔时，麻花钻主切削刃上各点处的切削速度不一样，外缘处最大，钻心处的切削速度为零。（　　）

2．在分度头上装夹工件钻孔主要用于钻削盘形工件上沿圆周均布的孔系，而沿圆周非均布的孔系就不宜在分度头上钻削。（　　）

3．用麻花钻钻孔时，其每齿进给量等于每转进给量的一半。（　　）

4．刃磨麻花钻主要是刃磨主切削刃和前面。（　　）

5．修磨麻花钻横刃的目的是把横刃磨短，将钻心处前角磨大。（　　）

三、选择题（将正确答案的代号填入括号内）

1．在铣床上按划线钻孔，试钻少许后发现偏心时，一般用（　　）方法重新进行校准。

A．錾浅槽　　B．移动工件

C．将钻头横刃磨短

2．在钻通孔过程中即将钻通时，应使进给速度（　　），以防止钻头突然出孔时折断。

A．减慢　　B．加快　　C．不变

3．麻花钻主要起切削作用的是（　　）部分。

A．切削　　B．刀柄　　C．螺旋槽

4．在铣床上钻孔时，若采用机动进给，进给量在（　　）mm/r 范围内选取。

A．0.05 ~ 0.10　　B．0.1 ~ 0.3　　C．1 ~ 2

四、简答题

1．钻孔时选择切削速度要考虑的因素有哪些？

2．在铣床上钻孔常见的质量问题有哪些？

§6-2　在铣床上铰孔

一、填空题（将正确答案填写在横线上）

1．铰孔是用________从工件孔壁上切除____________，以提高其__________和减小其____________的方法。铰孔的尺寸经济精度可达______，表面粗糙度 *Ra* 值可达________。

2．铰刀的工作部分由________、________和________组成。

3．机用铰刀校准部分的圆柱部分起________、________和________作用，也是铰刀的________；倒锥部分起__________和________________的作用。

4．选择铰孔余量时，应考虑________________、________________、____________________和铰刀类型等因素。

二、判断题（正确的打"√"，错误的打"×"）

1．铰通孔时，为了保证孔的全长范围内都能铰削到，铰刀的工作部分必须铰出孔外。（　　）

2．在铣床上铰孔不能纠正孔的位置精度。（　　）

3．在铣床上用固定连接法安装铰刀，若铰刀有偏摆，会使铰出的孔径超差。（　　）

4．在铣床上铰孔时，铰孔完毕应停车退出铰刀。（　　）

三、选择题（将正确答案的代号填入括号内）

1．在铣床上用机用铰刀铰削直径为 16 mm 的孔时，铰削余量一般取（　　）mm。

A．0.05　　B．0.10　　C．0.20

2．铰刀的工作部分最前端有 45°的倒角部分，其功用是（　　）。

A．使铰刀在铰削开始时容易进入孔中　　B．起主要切削作用

C．起辅助切削作用

3．铰刀的导向部分在工作时（　　）。

A．参与切削　　B．不参与切削　　C．作为备磨部分

4．在铣床上采用机用铰刀铰孔时，切削速度一般选（　　）m/min 左右。

A．30　　B．20　　C．8

5．在铣床上铰孔，铰刀退离工件时应使铣床主轴（　　）。

A．停转　　B．顺时针正转　　C．逆时针反转

四、简答题

1．比较机用铰刀与手用铰刀的差异。

2．造成铰出的孔表面粗糙度值太大的原因有哪些？

§6-3　在铣床上镗孔

一、填空题（将正确答案填写在横线上）

1．镗削是__________做主运动，____________做进给运动的切削加工方法。用镗削的方法________________称为镗孔。在铣床上镗孔，孔径尺寸的经济精度可达________，表面粗糙度 Ra 值可达______________，孔距精度可控制在_______左右。

2．用简易镗刀杆在铣床上镗单孔，对刀的方法有______________、_______________、____________________和__________________四种。

3．轴线平行的孔系的镗削，除了孔本身有________外，还____________________，以保证孔之间__________的要求。

4．浮动式镗刀的安装特点是______不固定，而是浮动地放在镗刀杆的方孔中进行镗削。

5．镗刀杆按照能否准确控制镗孔尺寸，分为______镗刀杆和______镗刀杆。

6．立铣头主轴轴线与进给方向不平行，镗出的孔呈__________。

二、判断题（正确的打“√”，错误的打“×”）

1．使用简易式镗刀杆镗孔，镗刀杆的直径应按孔径的 70% ~ 80% 确定。（ ）

2．只有在同轴的两孔孔径均符合规定尺寸要求的前提下，才能用同轴度量规检验两孔的同轴度要求。（ ）

3．镗孔时对中心是为使镗刀旋转轴线与被镗孔的轴线相重合。（ ）

4．为了保证孔的形状精度，在立式铣床上镗孔前，应找正铣床主轴轴线与工作台台面的垂直度。（ ）

5．为了保证孔的位置精度，在立式铣床上镗孔前，应找正工件基准平面与工作台台面的平行度，基准侧面与纵向或横向进给方向平行。（ ）

6．在铣床上镗孔时，用测量法调整镗刀的尺寸，镗刀杆外圆到镗刀尖的尺寸应为 $d_{杆}+R_{孔}$。（ ）

7．在立式铣床上镗孔，镗削完毕，应在停止主轴转动后，将镗刀尖对准操作者，然后使用垂向快速进给使镗刀退离工件。（ ）

8．用改装的千分尺测量孔距，是在普通千分尺测量面上用铜管或塑料管套上一粒钢球，此时千分尺上的读数应为实测距离减去钢球直径。（ ）

9．在铣床上镗孔时，若垂向进给出现爬行，则会产生椭圆孔。（ ）

10．在铣床上镗孔，孔壁出现振纹，可能是镗杆刚度较差或工件装夹不当引起的。（ ）

11．在立式铣床上镗孔，采用主轴套筒移动进给时，若立铣头主轴轴线与工作台台面不垂直，会引起孔的轴线歪斜。（ ）

12．在立式铣床上镗孔，孔距超差是切削过程中刀具严重磨损引起的。（ ）

13．在立式铣床上镗孔，镗刀刀尖的圆弧要适当，否则会影响孔的表面质量。（ ）

三、选择题（将正确答案的代号填入括号内）

1．在铣床上镗孔，孔距精度可控制在（ ）mm 左右。

A．0.01　　B．0.05　　C．0.10

2．为了保证镗刀杆和镗刀头有足够的刚度，被加工孔的直径在 30 ~ 120 mm 范围内时，镗刀杆的直径一般为孔径的（ ）倍。

A．0.3 ~ 0.4　　B．0.5 ~ 0.6　　C．0.7 ~ 0.8

3．铣床上镗孔大多采用（ ）镗刀。

A．机械固定式　　B．浮动式　　C．整体

4．在铣床上镗台阶孔时，镗刀的主偏角应取（ ）。

A．60°　　B．75°　　C．90°

5．在铣床上镗孔，镗刀后角一般取 6° ~ 12°，粗镗时取较（ ）值，精镗时取较（ ）值；孔径大时取较（ ）值，孔径小时取较（ ）值。

A．小、大、小、大　　B．大、小、小、大

C．大、小、大、小

6．在立式铣床上镗孔，采用垂向进给镗削，调整时校正铣床主轴轴线与工作台台面的

垂直度，主要是为了保证孔的（　　）精度。

A．形状　　　　B．位置　　　　C．尺寸

7．在立式铣床上镗孔，退刀时孔壁出现划痕的主要原因是（　　）。

A．工件装夹不当　　　　B．刀尖未停转或位置不对

C．工作台进给爬行

8．在铣床上镗孔，孔出现锥度的原因之一是（　　）。

A．铣床主轴与进给方向不平行　　　　B．镗刀杆刚度小

C．切削过程中刀具磨损

9．在铣床上镗孔时，若镗刀伸出过长，产生弹性偏让或刀尖磨损，会使（　　）。

A．孔距超差　　　　B．孔径超差　　　　C．孔轴线歪斜

四、简答题

1．在铣床上镗孔适用于什么场合？

2．镗削轴线平行的孔系时，为什么要将图样规定的孔距尺寸转换成各孔中心的坐标尺寸？坐标系如何选择和确定？

3．说明在镗孔时用寻边器对中心的操作方法。

§6-4 在铣床上加工椭圆孔和椭圆柱

一、填空题（将正确答案填写在横线上）

1．椭圆柱面可在立式铣床上采用________或________进行加工。

2．常见的椭圆柱面零件有________、________、________等。

二、判断题（正确的打“√”，错误的打“×”）

1．加工椭圆孔时受刀杆直径限制，孔的长度不能过长。 （ ）

2．粗加工椭圆孔和椭圆柱面时，刀尖回转直径 d_c 都应小于椭圆长轴直径 D。 （ ）

3．当加工的椭圆孔较长时，常将工件设计成对半合成件。 （ ）

三、选择题（将正确答案的代号填入括号内）

1．镗椭圆孔时，须将立铣头轴线转动一个角度，使铣刀轴线和工件轴线倾斜一个（ ）角度，然后进行其他调整操作。

A．α B．β C．γ

2．在椭圆孔加工前，一般用钻和镗的方法加工出圆柱孔，圆柱孔的孔径应（ ）椭圆短轴直径 d。

A．大于 B．等于 C．小于

3．在椭圆柱面加工前，一般用车削的方法加工出圆柱面，圆柱面的直径应（ ）椭圆长轴直径 D。

A．略大于 B．等于 C．略小于

四、简答题

椭圆柱面铣削的三个基本原则是什么？

第七章　简单特形面和球面的铣削

§7-1　简单特形面的铣削

一、填空题（将正确答案填写在横线上）

1. 直素线较短的简单特形面一般称为________，可用______在______铣床或______铣床上加工；直素线较长的简单特形面一般称为________，可用__________在__________铣床上加工。

2. 在立式铣床上铣削曲面的方法有三种：__________________、_________________和__________________。

3. 在回转工作台上铣曲面时，应先校正回转工作台轴线与________的同轴度，然后校正工件圆弧面轴线与________的同轴度。

4. 铣削只有凸弧的曲面时，立铣刀的直径__________，铣削有凹弧的曲面时，立铣刀的半径必须______凹弧的__________。在条件许可的情况下，应尽可能选用________的立铣刀。

5. 曲面上凸圆弧面与凹圆弧面相切的部分，应先铣削__________。

二、判断题（正确的打"√"，错误的打"×"）

1. 铣削相切的两凹圆弧面时，应先铣削半径较小的凹圆弧面。（　）

2. 成形铣刀的切削刃截面形状必须与工件特形表面形状完全一样。（　）

3. 成形铣刀的刀齿一般做成铲齿结构，前角大多为0°，刃磨时只磨前面。（　）

4. 平面可看作回转半径无限大的圆弧面，因此平面无论与凹圆弧面连接还是与凸圆弧面连接，均应先铣削平面部分。（　）

5. 用回转工作台铣削直线成形面圆弧部分时，立铣刀铣削位置与圆弧的大小、凹凸及铣刀直径有关。（　）

6. 在调整立铣刀铣削圆弧面位置前，必须找正铣刀中心与工件中心的相对位置，而与回转工作台无关。（　）

7. 由凸圆弧与凸圆弧相连接的轮廓形面，应先加工半径较大的凸圆弧面。（　）

8. 铣削直线和圆弧相切连接的轮廓形面，应尽可能连续铣削，但应先加工圆弧，后加工直线。（　）

9. 为了保证铣削圆弧面时的逆铣方式，铣凹圆弧时，立铣刀与凹圆弧转向相反，铣凸圆弧时，立铣刀与凸圆弧转向相同。（　）

10. 用仿形法铣削曲面时，模型必须与工件完全相同，否则是无法加工的。（　）

11．成形铣刀的切削性能较差，因此可先用具有合适前角的成形铣刀粗铣，然后用具有标准前角的成形铣刀精铣。（　　）

12．用成形铣刀铣削时，应根据铣刀最小直径选择切削速度，并应比普通铣刀降低20% ~ 30% 以提高铣刀的使用寿命。（　　）

三、选择题（将正确答案的代号填入括号内）

1．用回转工作台铣削工件的圆弧面，当校正圆弧面中心与回转工作台中心重合时，应转动（　　）。

A．机床主轴　　B．回转工作台　　C．工件

2．用回转工作台铣削工件的凸圆弧面时，铣刀中心与回转工作台中心的距离等于（　　）。

A．凸圆弧半径与铣刀半径之差

B．凸圆弧半径与铣刀半径之和

C．凸圆弧半径与铣刀直径之和

3．工件曲面的曲线外形由凸圆弧、凹圆弧和直线三部分依次连接组成，凸圆弧与凹圆弧相切，凹圆弧与直线相切，铣削时的次序应是（　　）。

A．凹圆弧→直线→凸圆弧　　B．直线→凹圆弧→凸圆弧

C．凹圆弧→凸圆弧→直线

4．按划线手动进给精铣曲面时，与进给方向平行的直线部分可以用一个方向的机动进给，曲线部分应（　　）。

A．先操作纵向进给，后操作横向进给

B．先操作横向进给，后操作纵向进给

C．同时操作纵向、横向进给

5．根据成形面的概念，（　　）是比较典型的成形面。

A．球面　　B．螺旋槽　　C．直齿圆柱齿轮齿槽

6．以较短的直素线曲面为轮廓的盘形和板形零件，通常在（　　）加工。

A．立式铣床上用立铣刀

B．卧式铣床上用三面刃铣刀

C．卧式铣床上用成形铣刀

7．铣削具有凹圆弧的曲面，铣刀的直径应（　　）。

A．小于等于最小凹圆弧直径

B．大于等于最大凹圆弧直径

C．在最小凹圆弧直径和最大凹圆弧直径之间

8．用双手配合进给铣削曲面时，切削力的方向应与（　　）方向相反。

A．主要进给　　B．辅助进给　　C．复合进给

9．在回转工作台或分度头上铣削的曲面，一般是由（　　）构成的。

A．非圆函数曲线　　B．圆弧和直线　　C．曲线和直线

10．在回转工作台上加工圆弧面时，应使圆弧中心与（　　）回转中心同轴。

A．回转工作台　　B．铣床主轴　　C．回转工作台和铣床主轴

11．铣削凹圆弧时，铣刀中心与回转工作台中心的距离应等于（　　）。

A．圆弧半径与铣刀半径之和　　B．圆弧半径与铣刀半径之差

C．圆弧半径与铣刀直径之和

四、简答题

1．用成形铣刀铣削成形面时应注意哪些问题？

2．在回转工作台上铣削曲面时应注意哪些问题？

§7-2　球面的铣削

一、填空题（将正确答案填写在横线上）

1．用一平面截一个球，所得的截面图形是________，称为________。其半径的大小由____________和____________的大小决定。

2．球面被截平面分割成两部分，每部分称为______；两平行平面截球时，两截平面之间的球面部分称为________。

3．铣削等直径双柄外球面时，铣刀盘轴线与工件回转轴线________，铣刀刀尖回转半径的大小与______________和____________有关。

4．铣刀刀尖的回转半径 r_c 及截形圆所在平面与球心的距离 e 确定球面的__________和__________，铣刀回转轴线与球面工件轴线的交角 β 确定球面的__________。

5．球面铣削的质量主要与______________、______________、__________及__________等有关。

二、判断题（正确的打“√”，错误的打“×”）

1．用铣削方法加工球面，铣刀的回转轴线必须通过球心。（　　）

2．铣削单柄外球面时，立铣头主轴扳转角度的大小和铣刀刀尖的回转半径的大小只与球面半径和柄部直径大小有关。（　　）

3．用立铣刀铣削某一球冠状的内球面时，允许在一定范围内选择立铣刀的直径。（ ）

4．由铣削球面的原理可知，当铣刀旋转时，刀尖运动的轨迹与球面的截形圆重合，并与工件绕其本身轴线旋转运动相配合，即可铣出球面。（ ）

5．球面的铣削加工位置由铣刀刀尖的回转直径确定。（ ）

6．用立铣刀铣削内球面时，内球面底部出现凸尖的原因是立铣刀刀尖最高切削点偏离工件中心位置。（ ）

7．铣刀盘上的切刀在铣削球面过程中若出现位移，会影响球面的形状。（ ）

三、选择题（将正确答案的代号填入括号内）

1．铣削球面时，（ ）会造成工件球面表面粗糙度值太大。

A．工作台调整不当　　B．圆周进给不均　　C．铣削用量过大

2．等直径双柄外球面的球面半径 R=25 mm，柄部直径 d=30 mm，则铣刀刀尖的回转半径 r_c=（ ）mm。

A．40　　B．30　　C．20

3．根据球面铣削加工原理，铣刀回转轴线与球面工件轴线的交角确定球面的（ ）。

A．半径尺寸　　B．形状精度　　C．加工位置

4．铣削单柄球面时，计算分度头（或工件）倾斜角与（ ）有关。

A．球面位置　　B．球面半径和工件柄部直径

C．铣刀尖回转直径

5．调整刀盘刀尖回转直径时，可通过修磨切刀的（ ）改变刀尖位置，达到球面铣削的要求。

A．后角　　B．前角　　C．主偏角和副偏角

6．铣削等直径双柄球面时，工件的倾斜角等于（ ），工件轴线与铣刀轴线的轴交角等于（ ）。

A．0°、90°　　B．0°、0°　　C．90°、90°

7．铣削较小直径的球面时，由于铣刀回转直径较小，因此切刀应选取（ ）后角，以保证铣削顺利。

A．较小　　B．较大　　C．负

8．用立铣刀铣削内球面时，立铣刀直径（ ）选取。

A．可任意　　B．应按 $d_c>d_o$　　C．应按 $d_{min}<d_c<d_{max}$

9．铣削内球面时，若内球面底部出现凸尖，应判断凸尖是由端齿铣成还是由周齿铣成，若由（ ）铣成，则应（ ），直至凸尖恰好铣去。

A．端齿、升高工作台　　B．周齿、升高工作台　　C．端齿、下降工作台

10．铣削球面后，可根据球面加工时留下的切削纹路判断球面形状，表明球面形状正确的切削纹路是（ ）。

A．平行的　　B．单向的　　C．交叉的

11．铣成的球面呈橄榄状的原因是（ ）。

A．铣刀与工件轴线不在同一平面内

B．工件或铣刀的倾斜角不正确

C．铣刀刀尖回转直径偏差过大

四、计算题

1．加工一单柄外球面，球面半径 R=30 mm，柄部直径 d=25 mm，确定立铣头主轴倾斜角 α 和铣刀刀尖回转半径 r_c。

2．球冠状内球面半径 R=18 mm，深度 H=10 mm，确定立铣刀直径 d_c 和立铣头主轴倾斜角 α。

五、简答题

1．简述球面铣削的展成原理。

2．铣削球面有哪些注意事项？

第八章　螺旋槽和凸轮的铣削

§8-1　螺旋线的基本概念

一、填空题（将正确答案填写在横线上）

1．圆柱螺旋线的要素有________、__________、__________、__________、________和旋向等。

2．将工件轴线垂直于水平面放置，看螺旋线由底部向上的走向，若螺旋线由______向______升起为右旋。同理，若螺旋线由________向______升起则为左旋。

3．平面螺旋线又称为______________，常用作______________凸轮的工作廓线，它的组成要素有__________、__________和__________。

二、判断题（正确的打“√”，错误的打“×”）

1．同一条圆柱螺旋线的螺旋角和导程角之和等于90°。　　　　（　　）

2．当圆柱螺旋线的线数为1时，它的导程和螺距是相同的。　　　　（　　）

3．某段平面螺旋线的升高量较大，那么它的升高率也一定较大。　　　　（　　）

4．两条圆柱直径相同的螺旋线，螺旋角大的一条其导程也比另一条大。　　　　（　　）

三、名词解释

1．螺旋角

2．导程

3．升高量

4．升高率

§8-2　圆柱螺旋槽的铣削

一、填空题（将正确答案填写在横线上）

1．铣削圆柱螺旋槽采用侧轴挂轮法时，交换齿轮的计算公式是________________。

2．圆柱螺旋槽的圆柱外径 D=100 mm，螺旋角 β=45°，圆柱螺旋槽的导程 P_h=_______mm。

3．用立铣刀铣削圆柱矩形螺旋槽时产生的干涉现象的大小与________________、________________和立铣刀直径的大小有关。

二、判断题（正确的打“√”，错误的打“×”）

1．用形状和圆柱螺旋槽法向截形完全一致的铣刀就可以铣出形状正确的螺旋槽。（　）

2．用立铣刀铣削圆柱矩形螺旋槽时，产生干涉现象的原因是螺旋槽本身不同直径处的螺旋角不等。（　）

3．在卧式铣床上用盘形齿轮铣刀铣削螺旋槽时，工作台必须扳转一个等于螺旋角 β 的角度，扳转的方向是“左旋右推，右旋左推”。（　）

4．单线圆柱螺旋槽的导程与螺距相等。（　）

5．螺旋槽铣削时，干涉现象的大小与螺旋角 β 有关，β 越小，干涉也越小，到 β=0° 时，就不再产生干涉现象。（　）

6．在 X6132 型卧式铣床上铣削圆柱螺旋槽，工作台需水平扳转一个螺旋角 β，X5032 型立式铣床的工作台不能扳转角度，所以不能在 X5032 型立式铣床上铣削圆柱螺旋槽。（　）

三、选择题（将正确答案的代号填入括号内）

1．铣削圆柱螺旋槽时，要求工件每回转一周，工作台移动的距离为（　）。

A．一个导程　　B．一个螺距　　C．2 倍螺矩

2．用侧轴挂轮法铣削圆柱螺旋槽，交换齿轮应配置在（　）和分度头侧轴之间。

A．铣床主轴　　B．分度头主轴　　C．工作台纵向传动丝杠

四、简答题

1．为什么不能用三面刃铣刀铣削圆柱矩形螺旋槽？

2．简述铣削圆柱螺旋槽的注意事项。

§8-3　等速圆柱凸轮的铣削

一、填空题（将正确答案填写在横线上）

1．凸轮工作时，凸轮做________，从动件做____________的凸轮称为等速凸轮。常见的等速凸轮有____________和____________。

2．等速圆柱凸轮的工作廓线是________________。

3．铣削等速圆柱凸轮时，交换齿轮的配置方法有____________和____________两种。

4．铣削导程 P_h<________的等速圆柱凸轮螺旋槽时，应采用手动进给，以免发生事故。

5．铣削圆柱矩形螺旋槽时，选用的立铣刀直径应__________；铣削等速圆柱凸轮的螺旋槽时，选用的立铣刀直径应__________。

二、判断题（正确的打“√”，错误的打“×”）

1．铣削等速圆柱凸轮前，通常需按各导程螺旋槽起始点划线。（　　）

2．铣削等速圆柱凸轮空程环形槽时，应摇分度头分度手柄做圆周进给铣削。（　　）

3．铣削多条螺旋槽连接而成的等速圆柱凸轮时，只需按其中最小的导程配置交换齿轮。（　　）

4．铣削等速圆柱凸轮时，退刀与进刀只能通过移动工作台进行。（　　）

5．铣削等速圆柱凸轮时，只有外圆柱面上的螺旋线与铣刀切削轨迹吻合。（　　）

三、选择题（将正确答案的代号填入括号内）

1．铣削导程 P_h<16.67 mm 的等速圆柱凸轮，一般采用（　　）法。

A．倾斜铣削　　B．分度头侧轴挂轮　　C．分度头主轴挂轮

2．在铣床上用分度头挂轮加工的凸轮是（　　）凸轮。

A．等加速　　B．等减速　　C．等速

3．用立铣刀铣削等速圆柱凸轮，引起干涉的主要原因是（　　）。

A．不同直径处的螺旋角偏差　　B．铣刀端面刃切削性能差

C．螺旋槽两侧切削力偏差

4．铣削等速圆柱凸轮时，进刀、退刀、切深操作均应在（　　）进行。

A．上升曲线部分　　B．下降曲线部分　　C．转换点位置

5．铣削等速圆柱凸轮时，若铣床主轴的跳动量较大，则会直接影响（　　）。

A．螺旋槽槽宽精度　　B．导程　　C．螺旋角

6．用立铣刀铣削等速圆柱凸轮时，当导程确定后，只有（　　）处的螺旋线与铣刀切削轨迹吻合。

A．槽底角　　B．外圆柱面　　C．螺旋槽侧中间

四、简答题

铣削等速圆柱凸轮时有哪些注意事项？

§8-4　等速盘形凸轮的铣削

一、填空题（将正确答案填写在横线上）

1．用倾斜铣削法铣削等速盘形凸轮时，立铣刀轴线与工件轴线______，并相对于工作台台面__________________。

2．铣削等速盘形凸轮时，为了保证铣削处于逆铣状态，凸轮工件的旋转方向应与铣刀的旋转方向______，并从______________向_______________逐渐铣出。

3．用倾斜铣削法铣等速盘形凸轮时，凸轮周边沿铣刀轴向有一相对运动，如立铣刀的切削刃________，则不能将凸轮的________完全铣削出来。

二、判断题（正确的打“√”，错误的打“×”）

1．等速盘形凸轮转过一定角度后，从动件上升或下降的距离称为凸轮工作廓线的升高量。（　　）

2．用倾斜铣削法铣削等速盘形凸轮，分度头轴线与立铣头轴线不一定平行。（　　）

3．用倾斜铣削法可以准确地加工导程是大质数或带小数的凸轮廓线。（　　）

4．用倾斜铣削法铣削等速盘形凸轮时，立铣刀的螺旋角应选得小一些。（　　）

5．用倾斜铣削法铣削等速盘形凸轮时，凸轮的周边切削部位沿铣刀的轴向有一相对运动。（　　）

6．用倾斜铣削法铣削等速盘形凸轮时，交换齿轮导程应大于凸轮导程。（　　）

7．等速盘形凸轮的工作型面一般是在圆周面上，因此通常在卧式铣床上进行加工。（　　）

8．用倾斜铣削法铣削等速盘形凸轮时，预算立铣刀切削部分长度应根据较小的分度头仰角进行计算，以满足整个凸轮的铣削需要。（　　）

9．等速盘形凸轮的导程一般都比较小，用分度头铣削时宜采用机动进给。（　　）

10．铣削等速盘形凸轮时，铣刀的切削位置应根据从动件的位置确定。（　　）

11．等速盘形凸轮的轮廓线由直线、圆弧和螺旋线组成，因此铣削时必须由分度头和工作台做复合进给运动。（　　）

12．用倾斜铣削法铣削等速盘形凸轮时，只要相应调整、改变分度头和立铣头的倾斜角，便可获得不同导程的工作型面。（　　）

三、选择题（将正确答案的代号填入括号内）

1．用垂直铣削法铣削对心直动的等速盘形凸轮，对刀时，应将（　　）调整到与工作台纵向进给方向一致。

A．铣刀与工件的中心连线　　B．分度头主轴轴线

C．工件轴线

2．用倾斜铣削法铣削等速盘形凸轮时，一般采用（　　）退刀。

A．降下升降台　　B．移动横向滑鞍　　C．纵向移动工作台

3．用倾斜铣削法铣削等速盘形凸轮时，若倾斜角调整不精确，不仅会影响凸轮型面素线与工件轴线的平行度，还会影响凸轮的（　　）。

A．导程　　B．型面位置精度　　C．型面表面质量

四、计算题

1．有一等速盘形凸轮，其工作廓线在 53/100 圆周升高 4 mm，求它的导程 P_h。

2．已知等速盘形凸轮上两段工作廓线的导程分别为 45.20 mm 和 52.80 mm，用倾斜铣削法加工，计算其分度头仰角和交换齿轮齿数。

五、简答题

1．简述倾斜铣削法的优缺点。

2. 用倾斜铣削法铣削等速盘形凸轮时，如何选择假设导程 P_{h1}？

第九章　圆柱齿轮和齿条的铣削

§9-1　直齿圆柱齿轮的基本参数和几何尺寸计算

一、填空题（将正确答案填写在横线上）

1．直齿圆柱齿轮的齿线为________，斜齿圆柱齿轮的齿线为__________。

2．直齿圆柱齿轮用于______________传动，斜齿圆柱齿轮用于__________________或______________传动。

3．渐开线的形状取决于形成渐开线的________，______越小渐开线越________；渐开线为直线时__________________。

4．渐开线上各点的齿形角是________的，离基圆越____齿形角越小，基圆上的齿形角为____。

5．直齿圆柱齿轮的基本参数有__________、__________、__________、__________和__________五个。

二、判断题（正确的打“√”，错误的打“×”）

1．在铣床上铣削的齿轮大多是渐开线齿轮。（　　）

2．通过齿轮齿根部的圆称为齿根圆。（　　）

3．一个轮齿在分度圆上所占的弧长称为齿厚。（　　）

4．相邻两个齿的对应点之间的弧长称为齿距。（　　）

5．全齿高是齿顶高与齿根高之和。（　　）

6．渐开线齿轮的标准齿形角是20°。（　　）

7．渐开线齿轮的分度圆、齿顶圆、齿根圆处的齿形角相同，都是20°。（　　）

三、选择题（将正确答案的代号填入括号内）

1．现行国家标准规定，齿轮轮齿的大小用（　　）表示。

A．齿厚　　B．模数　　C．压力角

2．一模数 m=2 mm 的直齿圆柱齿轮齿数为12，其齿顶圆直径为（　　）mm。

A．22　　B．24　　C．28

3．标准直齿圆柱齿轮的全齿高 h=（　　）m。

A．1　　B．2.25　　C．1.25

4．标准直齿圆柱齿轮的齿距 p=（　　）m。

A．1　　B．1.25　　C．π

5．标准直齿圆柱齿轮的分度圆直径 d=（　　）。

A．mz　　　B．$m(z-2.5)$　　　C．$m(z+2)$

四、计算题

有一标准直齿圆柱齿轮，模数 m=5 mm，齿数 z=50，求其分度圆直径 d、齿顶圆直径 d_a 和齿高 h。

§9-2　直齿圆柱齿轮的测量

一、填空题（将正确答案填写在横线上）

1．生产现场常用的齿轮的测量方法有____________和____________两种。

2．齿厚游标卡尺是一种专门用来测量______、______、蜗轮和蜗杆________的量具；齿厚的测量有__________测量和________________测量。

3．测量公法线长度时，卡爪与齿面的接触处应尽量在__________附近，因为这个部位的____________比较准确。

二、判断题（正确的打“√”，错误的打“×”）

1．齿轮的分度圆弦齿厚 $\bar{s}$ 小于该齿轮的齿厚 s。（　　）

2．公法线长度测量不受齿顶圆直径加工误差的影响，因此测量精度高。（　　）

3．用齿厚游标卡尺测量齿厚，只能测出弦齿厚尺寸。（　　）

4．用齿厚游标卡尺测量分度圆弦齿厚时，垂直游标尺应按齿轮模数 m 数值调整。（　　）

5．用齿厚游标卡尺测量固定弦齿厚 $\bar{s}_c$ 时，应根据齿轮齿数计算测量值。（　　）

6．用公法线长度测量法测量标准直齿圆柱齿轮时，应计算公法线长度和跨测齿数。（　　）

7．用查表法查取公法线长度，表中的数值通常是以 m=1 mm 的数值列出的。（　　）

8．标准直齿圆柱齿轮固定弦齿厚尺寸与齿数 z 无关。（　　）

9．用齿厚游标卡尺在标准直齿圆柱齿轮分度圆圆周上测出的是分度圆弦齿厚 $\bar{s}_c$。（　　）

三、计算题

1. 标准直齿圆柱齿轮的模数 m=5 mm，齿数 z=50，求它的分度圆弦齿厚和分度圆弦齿高。

2. 标准直齿圆柱齿轮的模数 m=3 mm，齿数 z=68，求它的跨测齿数和公法线长度。

§9-3 直齿圆柱齿轮铣刀及其选择

一、填空题（将正确答案填写在横线上）

1. 在铣床上铣制齿轮是利用________和____________相同的齿轮铣刀分齿切制齿形的加工方法，该方法属于__________。铣削直齿圆柱齿轮的铣刀有________和________两种形式，其中______齿轮铣刀用于在卧式铣床上铣制齿轮，已经标准化。______齿轮铣刀用于在立式铣床上加工模数大于______mm 的齿轮，目前尚未标准化。

2. 在实际生产中将齿数在____齿以上的齿轮进行分段，每一段定一个铣刀号数，并以这一段中__________的齿轮的________作为铣刀的廓形，以避免发生________。

二、判断题（正确的打“√”，错误的打“×”）

1. 选择齿轮铣刀时，需根据要加工齿轮的模数 m 和齿形角 α 确定铣刀号数。（ ）

2. 当铣刀模数、刀号选择错误时，会造成齿厚不正确。（ ）

3. 盘形齿轮铣刀是成形铣刀，其齿背为阿基米德螺旋线。（ ）

4. 铣削一标准直齿圆柱齿轮，已知模数 m=3 mm，齿数 z=40，则应选用 5 号盘形齿轮铣刀铣削。（ ）

§9-4 直齿圆柱齿轮的铣削

一、填空题（将正确答案填写在横线上）

1. 齿轮铣削的基本要求是保证齿形准确和分齿均匀，分齿均匀靠________保证，齿形准确主要由_________________________保证。

2．铣削直齿圆柱齿轮时，铣刀廓形的_______与齿坯中心对不准，会产生_________现象，影响齿轮的加工质量。

3．铣削直齿圆柱齿轮时，铣刀常用的对中心方法有_____________和____________对中心。

二、判断题（正确的打“√”，错误的打“×”）

1．铣削直齿圆柱齿轮时，为了保证齿槽对称于轴线，应将圆棒嵌入齿槽内翻转180°进行检测，以确定微量调整数据。（ ）

2．工件径向圆跳动大会引起齿轮齿距误差过大。（ ）

3．为获得较高的精度和表面质量，铣齿轮时通常要分为粗铣和精铣两次进行。（ ）

三、选择题（将正确答案的代号填入括号内）

1．直齿圆柱齿轮在粗铣后，若测得固定弦齿厚比图样要求大1 mm，则应将工作台上升（ ）mm后再进行精铣。

A．1　　B．1.17　　C．1.37　　D．1.46

2．直齿圆柱齿轮粗铣后，若测得公法线长度比图样要求大2 mm，则工作台应上升（ ）mm进行精铣。

A．2　　B．2.92　　C．2.74　　D．2.34

3．直齿圆柱齿轮粗铣后，若测得分度圆弦齿厚比图样要求大1 mm，则工作台应上升（ ）mm进行精铣。

A．1.37　　B．1　　C．1.46　　D．1.17

4．若铣出的直齿圆柱齿轮出现轮齿偏斜的质量问题，则产生的原因是（ ）。

A．工件径向圆跳动过大　　B．铣刀摆差太大

C．分度计算错误　　D．铣刀廓形轴线没有对准齿坯中心

四、计算题

在铣床上加工一齿形角$\alpha=20°$的直齿圆柱齿轮，粗铣后测得其公法线长度$W_{k实}=32.41$ mm，而零件图样给出的公法线长度$W_k=32.01_{-0.16}^{-0.10}$ mm，求补充进刀量Δa_e。

五、简答题

1．一对齿数不相等的相互啮合的标准直齿圆柱齿轮，它们有哪几个几何尺寸和主要参数是相等的？

2．在铣床上铣削直齿圆柱齿轮常用哪些测量方法？这些方法各有什么特点？

§9–5 斜齿圆柱齿轮及其铣削

一、填空题（将正确答案填写在横线上）

1．斜齿圆柱齿轮____________中的模数为标准模数，在____________________内具有渐开线齿形。

2．铣削斜齿圆柱齿轮时，工作台水平扳转的角度等于________，盘形齿轮铣刀的刀号应按__________选取。

3．斜齿圆柱齿轮的公法线长度应在_________内测量，齿轮的宽度 b 应满足的条件是____________。

二、判断题（正确的打“√”，错误的打“×”）

1．斜齿圆柱齿轮可用于平行轴传动，也可用于相交轴传动。（　）
2．斜齿圆柱齿轮的测量方法与直齿圆柱齿轮一样，但应在法向平面内测量。（　）
3．铣削斜齿圆柱齿轮对中心时，应先扳转角度，后对中心。（　）
4．斜齿圆柱齿轮的当量齿数 z_v 大于其实际齿数 z。（　）
5．斜齿圆柱齿轮的齿槽是与轴线倾斜一定角度的斜槽。（　）
6．螺旋线的切线与轴线的夹角称为螺旋角。（　）
7．斜齿圆柱齿轮是多线螺旋槽工件。（　）
8．斜齿圆柱齿轮以端面模数 m_n 标注图样上的模数。（　）
9．铣削斜齿圆柱齿轮时，应按当量齿数 z_v 计算分度手柄转数。（　）
10．测量斜齿圆柱齿轮时，公法线长度的跨测齿数应根据当量齿数计算。（　）

三、选择题（将正确答案的代号填入括号内）

1．斜齿圆柱齿轮的标准模数是（　　）。

A．端面模数　　B．法向模数　　C．轴向模数

2．斜齿圆柱齿轮的分度圆应等于（　　）与齿数的乘积。

A．端面模数　　B．法向模数　　C．轴向模数

3．斜齿圆柱齿轮法向模数 m_n 与端面模数 m_t 之间的关系是（　　）。

A．$m_n=m_t/\cos\beta$　　B．$m_n=m_t z$　　C．$m_n=m_t\cos\beta$

4．铣削一斜齿圆柱齿轮，若模数 m_n=2 mm，齿数 z=22，螺旋角 β=15°，则它的齿坯外径为（　　）mm。

A．49.55　　B．44　　C．48

5．铣削一斜齿圆柱齿轮，若模数 m_n=3 mm，齿数 z=40，螺旋角 β=30°，则应选用（　　）号盘形齿轮铣刀铣削加工。

A．5　　B．6　　C．7

6．铣削斜齿圆柱齿轮时，分度头通常应安装在工作台（　　）T 形槽右侧顶端处。

A．中间　　B．内侧　　C．外侧

7．斜齿圆柱齿轮的螺旋角是指（　　）上的螺旋角。

A．齿顶圆柱　　B．分度圆柱　　C．齿根圆柱

8．斜齿圆柱齿轮的导程 P_h=（　　）。

A．$\pi m_t z/\sin\beta$　　B．$\pi m_n z/\sin\beta$　　C．$\pi m_n z/\cos\beta$

9．用测量公法线长度方法检验斜齿圆柱齿轮时，齿轮宽度必须（　　）公法线长度的 $\sin\beta$ 倍。

A．小于　　B．等于　　C．大于

10．斜齿圆柱齿轮粗铣后，精铣时工作台的升高量可按公法线长度余量的（　　）倍计算。

A．1.37　　B．1.46　　C．1.5

四、计算题

1．在卧式万能铣床上铣制一斜齿圆柱齿轮，已知 m_n=3 mm，β=32° 30′，z=48，应怎样选用铣刀？

2. 斜齿圆柱齿轮的零件图如图 9–1 所示。确定铣削时所用的铣刀、交换齿轮齿数，并计算分度圆弦齿厚 $\bar{s}_n$ 和分度圆弦齿高 $\bar{h}_{na}$。

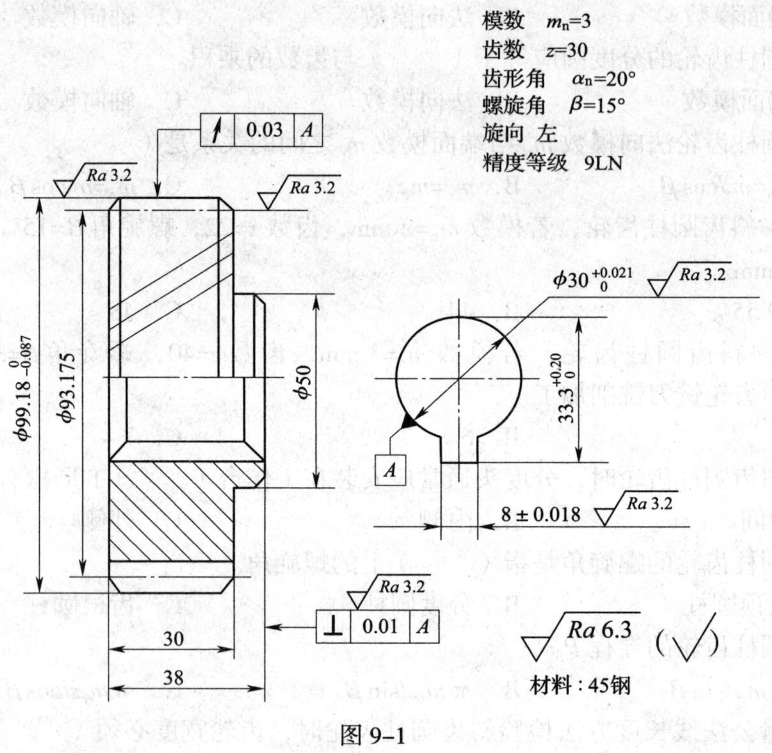

图 9–1

五、简答题

1. 为什么斜齿圆柱齿轮要规定法向模数 m_n 取标准值？在计算斜齿圆柱齿轮各部几何尺寸时，为什么要在端平面内进行？

2. 斜齿圆柱齿轮有什么特点？

§9-6 齿条及其铣削

一、填空题（将正确答案填写在横线上）

1. 直齿条的齿线是______于齿的运动方向的，斜齿条的齿线是______于齿的运动方向的。

2. 铣削齿条一般选用__________号盘形齿轮铣刀。齿条精度要求较高时，可采用__________。

3. 铣削齿条时，控制齿距的方法有____________、____________和__________三种。

4. 齿条测量主要测量________和____________。

5. 斜齿条的铣削方法有__________和__________两种。

二、判断题（正确的打"√"，错误的打"×"）

1. 当直齿圆柱齿轮的基圆直径无限大时，渐开线齿廓便成为直线。（　　）
2. 直齿条铣削时选用的盘形齿轮铣刀的齿形线是直线。（　　）
3. 齿条是直径无限大的直齿圆柱齿轮，所以齿条的齿顶高与弦齿高是相等的。（　　）
4. 铣削斜齿条时，盘形齿轮铣刀轴线与工件侧面的夹角为螺旋角β。（　　）
5. 在用纵向移距法铣削长斜齿条时，若用工作台转动角度，则移距量应是法向齿距P_n。（　　）
6. 斜齿条的齿距测量依据是端面齿距。（　　）
7. 测量斜齿条齿厚时，水平游标尺身应与齿向垂直。（　　）

三、选择题（将正确答案的代号填入括号内）

1. 在卧式铣床上铣削一直齿条，其模数m=3 mm，若用刻度盘移距，每铣一齿后，刻度盘应摇（　　）mm。

A. 7.85　　B. 9.425　　C. 10.99　　D. 12.567

2. 铣削一标准直齿条，其齿数z=40，应选用（　　）号盘形齿轮铣刀铣削加工。

A. 3　　B. 6　　C. 8

3．在卧式铣床上铣削一直齿条，其模数 m=2 mm，若用量块、百分表移距，则量块的尺寸为（　　）mm。

A．6.283　　B．3.142　　C．9.425

4．在卧式万能铣床上铣削一斜齿条，齿条模数 m_n=4 mm，齿数 z=40，螺旋角 β=30°，铣削时选用（　　）号盘形齿轮铣刀。

A．8　　B．7　　C．5　　D．6

5．用倾斜工件法铣削斜齿条时，每铣好一齿，工作台应移动的距离为（　　）mm。

A．πm_t　　B．πm_n　　C．$\pi m_n/\cos\beta$

6．用转动工作台法铣削斜齿条时，每铣好一齿，工作台应移动的距离为（　　）mn。

A．πm_t　　B．πm_n　　C．$\pi m_n/\cos\beta$

7．在卧式万能铣床上采用转动工作台法铣削一斜齿条，若工件模数 m_n=3 mm，螺旋角 β=15°，则每次铣削时，工作台移距为（　　）mm。

A．9.080　　B．9.757　　C．9

四、简答题

在卧式万能铣床上铣削斜齿条时，怎样按螺旋角装夹工件？不同的装夹方法与移距量有何关系？

第十章　直齿锥齿轮的铣削

§10-1　直齿锥齿轮的几何特点和几何尺寸计算

一、填空题（将正确答案填写在横线上）

1．分度曲面是____________的齿轮称为锥齿轮，锥齿轮用于____________齿轮传动和__________齿轮传动。

2．采用标准模数、______等于 20°、齿顶高等于______、齿根高等于______的直齿锥齿轮称为标准直齿锥齿轮。

3．直齿锥齿轮的_________、__________和__________三个圆锥面交于一点。

4．直齿锥齿轮的分度圆弦齿厚和弦齿高的计算方法虽与直齿圆柱齿轮相同，但公式中的齿数必须是____________，并且应在锥齿轮____________的部位进行测量。

二、判断题（正确的打“√”，错误的打“×”）

1．直齿锥齿轮规定大端端面模数为计算各部尺寸的依据，并采用标准值。（　　）

2．标准直齿锥齿轮与标准直齿圆柱齿轮的齿顶高 $h_a=m$，齿根高 $h_f=1.25m$。（　　）

3．直齿锥齿轮两端面的齿形尺寸大小虽然不一样，但齿形是相似的，模数是相同的。（　　）

4．在直齿锥齿轮的三个基本圆锥中，锥角最大的是顶锥。（　　）

5．直齿锥齿轮的外圆锥母线与轴线的夹角称为节锥角。（　　）

6．直齿锥齿轮的模数以大端模数为依据。（　　）

7．直齿锥齿轮的齿顶高 h_a、齿根高 h_f 和全齿高 h 的含义与直齿圆柱齿轮相同，但应在锥齿轮大端与轴线垂直的平面内测量。（　　）

8．直齿锥齿轮既可用于相交轴齿轮传动，也可用于交错轴齿轮传动。（　　）

三、选择题（将正确答案的代号填入括号内）

1．高精度的直齿锥齿轮应在（　　）上加工。

A．卧式铣床　　B．立式铣床　　C．专用机床

2．直齿锥齿轮的轮齿分布在（　　）上。

A．平面　　B．圆柱面　　C．圆锥面

3．直齿锥齿轮轴线与根锥母线的夹角 δ_f 称为（　　）。

A．齿根圆顶角　　B．根圆锥角　　C．根圆锥半角

4．直齿锥齿轮的轴交角有三种，其中最常用的是（　　）。

A．$\Sigma>90°$　　　　B．$\Sigma=90°$　　　　C．$\Sigma<90°$

5．分锥顶点沿分锥母线至背锥的距离称为（　　）。

A．外锥距　　　　B．齿距　　　　C．齿宽

6．一对相互啮合的直齿锥齿轮，其中有两个圆锥面正好相切，这两个圆锥称为（　　）。

A．顶锥　　　　B．节锥　　　　C．根锥

四、计算题

一对相互啮合的标准直齿锥齿轮，轴交角 $\Sigma=90°$，$z_1=24$，$z_2=48$，实测齿高都是 4.4 mm，小齿轮顶圆直径为 51.58 mm，大齿轮的顶圆直径是多少？

五、简答题

1．简述直齿锥齿轮的几何特点。

2．如何测量直齿锥齿轮的齿厚？

§10-2　直齿锥齿轮铣刀及其选择

一、填空题（将正确答案填写在横线上）

1．直齿锥齿轮的轮齿分布在圆锥面上，齿形由______向锥顶____________，大端的基圆直径______，渐开线齿形曲线较________。

2．直齿锥齿轮铣刀的厚度是按_______________设计，而____________是按大端______设计的，所以直接用锥齿轮铣刀铣出的齿槽，小端形状比正确的齿形______，而大端的齿槽宽度比正确的齿槽宽度____。

3．直齿锥齿轮的齿形曲线是根据其当量齿数设计的，当量齿数是指在锥齿轮______垂直于__________的背锥展开平面内做出的当量____________的齿数。

二、判断题（正确的打“√”，错误的打“×”）

1．直齿锥齿轮铣刀的模数以大端为依据，齿形曲线以小端为依据。（　　）

2．在铣床上用直齿锥齿轮铣刀加工直齿锥齿轮是一种高精度的锥齿轮加工方法。（　　）

3．直齿锥齿轮的齿形曲线小端较弯曲，是因为大小端基圆直径不相等。（　　）

4．铣床上铣出的直齿锥齿轮齿形曲线是不精确的，当齿轮的齿数越少，齿轮宽度越小时，其误差也就越大。（　　）

5．选择直齿锥齿轮铣刀时，应按其实际齿数选择刀号。（　　）

6．直齿锥齿轮铣刀号数同圆柱齿轮铣刀一样，是在同一模数中按齿数划分刀号的。（　　）

三、选择题（将正确答案的代号填入括号内）

1．直齿锥齿轮铣刀的厚度（　　）小端齿槽宽度。

A．略大于　　B．等于　　C．略小于

2．一齿数 z=50、分锥角 δ=45° 的标准直齿锥齿轮当量齿数 z_v=（　　）。

A．50.72　　B．70.72　　C．35.35

3．标准直齿锥齿轮铣刀与相同模数、同刀号数的标准圆柱齿轮铣刀相比，其厚度（　　）。

A．相同　　B．较厚　　C．较薄

四、计算题

铣削模数 m=3 mm、齿数 z=25、分度圆锥角 δ=40° 的标准直齿锥齿轮，确定铣刀的刀号。

§10-3　直齿锥齿轮的铣削

一、填空题（将正确答案填写在横线上）

1. 铣削直齿锥齿轮时，每一齿槽均铣削____刀，分别铣削________和______________。

2. 铣削直齿锥齿轮时，齿坯装夹后应用百分表检查大端和小端的________。

3. 铣削直齿锥齿轮时，调整分度头主轴回转角和工作台横向偏移量的目的是使锥齿轮______的齿侧面多铣去一些，而________的齿槽不致铣得过大。

4. 补充铣削大端齿侧面的方法有两种：采用分度头绕自身主轴__________和工作台__________相结合的方法；采用分度头在____________和工作台__________相结合的方法。

5. 铣削直齿锥齿轮时，若铣刀廓形中线未对准齿坯中心，将会造成铣出的齿形________和__________超差。

二、判断题（正确的打“√”，错误的打“×”）

1. 偏铣直齿锥齿轮大端多余部分时，齿槽两侧所铣去的余量应相等。（　　）

2. 在卧式万能铣床上纵向进给铣削直齿锥齿轮时，分度头主轴应扳转仰起一个等于分度圆锥角 δ 的角度。（　　）

3. 检查齿坯顶锥角时，应使游标万能角度尺的直尺和基尺测量面通过齿坯轴线，以使测量准确。（　　）

4. 铣削直齿锥齿轮时，可按简单分度法计算分度手柄转数进行分齿，为了便于偏铣，应选择较少的孔圈数。（　　）

5. 直齿锥齿轮偏铣前，应以中间槽铣削位置为准，使工件正反旋转相同角度，同时横向移动工作台，使小端齿槽重新对准铣刀，分别铣去齿槽两侧余量，使大端齿厚达到要求。（　　）

6. 直齿锥齿轮偏铣时，若经测量小端齿厚已达到，而大端还有余量，这时应增加偏转角和偏移量，使大端多铣去一些。（　　）

7. 直齿锥齿轮偏铣时，若经测量，小端齿厚与大端齿厚有相等余量，这时可增加横向偏移量，使大端和小端同时达到齿厚要求。（　　）

8. 铣削直齿锥齿轮时，为保证齿形与工件轴线对称，只需铣中间齿槽时对刀准确便能达到对称要求。（　　）

9. 用齿厚游标卡尺测量直齿锥齿轮大端齿厚时，垂直游标尺测量面应与齿顶圆接触。（　　）

10. 铣削直齿锥齿轮时，分度头精度低、齿坯装夹时与分度头主轴同轴度误差大、分齿操作误差等是引起齿形误差的主要原因。（　　）

三、选择题（将正确答案的代号填入括号内）

1. 在 X6132 型卧式铣床上用垂直进给铣削法铣削直齿锥齿轮，已知分度圆锥角 δ=45°，

齿顶角 θ_a=2° 24′，齿根角 θ_f=2° 50′，则加工时，分度头主轴扳起的仰角是（　　）。

A．42° 10′　　B．42° 26′　　C．47° 50′

2．上题中直齿锥齿轮如采用纵向进给铣削法铣削，分度头主轴扳起的仰角是（　　）。

A．42° 10′　　B．42° 26′　　C．47° 50′

3．铣削直齿锥齿轮大端齿槽两侧余量时，若分度头的回转角度和工作台的横向偏移量控制得不好，加工出的锥齿轮（　　）将超差。

A．齿形和齿厚误差　　B．齿圈径向圆跳动　　C．齿距偏差

4．铣削直齿锥齿轮时，（　　）会引起工件齿形和齿厚误差超差。

A．分度不准　　B．操作时对刀不准

C．操作时偏移量、回转量控制不好

5．铣削直齿锥齿轮时，由于齿坯外圆与内孔的同轴度差，会引起工件（　　）误差超差。

A．齿形和齿厚　　B．齿距　　C．齿圈径向圆跳动

6．铣削调整中，齿坯上影响直齿锥齿轮大端齿槽深度的是（　　），因此必须在加工前进行测量。

A．齿顶圆直径　　B．节锥角　　C．分度圆直径

7．铣削直齿锥齿轮时，若大小端均有余量且相等，此时应（　　）。

A．增大偏转角和偏移量　　B．减小偏转角

C．减小偏移量

8．直齿锥齿轮偏铣时，为了使分度头主轴能按需增大或减小微量的转角，可采用（　　）的方法。

A．增大或减小横向偏移量　　B．消除分度间隙

C．较大的孔圈数进行分度

9．偏铣直齿锥齿轮齿槽一侧时，分度头主轴转角方向与工作台横向移动方向（　　）。

A．相同　　B．相反　　C．先相同后相反

10．若偏铣直齿锥齿轮时采用计算分度头回转量 N 的方法，其中 $N=\theta/(540z)$ r，θ 称为齿坯基本回转角，θ 的数值可查表获得，与（　　）有关。

A．分锥角 δ　　B．模数 m　　C．刀号和 R/b 的比值

11．铣削数量较少的直齿锥齿轮，操作者一般是测量其（　　）。

A．公法线长度　　B．分度圆弦齿厚　　C．齿距误差

12．铣削直齿锥齿轮，若工件装夹后轴线与分度头轴线不重合，会引起（　　）。

A．齿面的表面粗糙度值过大　　B．齿厚尺寸超差

C．齿圈径向圆跳动超差

13．直齿锥齿轮偏铣时，工作台横向移动量不相等会导致（　　）。

A．齿距误差超差　　B．表面粗糙度值过大

C．齿向误差超差

14．铣削直齿锥齿轮时，若（　　）会产生齿向误差和齿形误差超差。

A．对刀不准　　B．分度头精度低　　C．铣刀磨钝

15．铣削直齿锥齿轮时，若（　　）会产生齿厚尺寸和齿形误差超差。

A．铣削用量选择不当

B．回转量和横向移动量控制不好

C．分度头精度低

四、计算题

1．直齿锥齿轮模数 m=3 mm，齿数 z=26，α=20°，δ_a=48° 44′，δ=45°，δ_f=41° 16′，在卧式铣床上采用纵向（水平）进给法铣削，求：

（1）分度头主轴仰起角度 α；

（2）分度圆弦齿厚 $\bar{s}$ 和弦齿高 $\bar{h}_a$；

（3）固定弦齿厚 $\bar{s}_c$ 和弦齿高 $\bar{h}_c$。

2．直齿锥齿轮模数 m=2 mm，齿数 z=30，齿宽 b=10 mm，δ=45°，确定补充铣削齿侧面时分度头主轴的回转量 N。

五、简答题

1．补充铣削直齿锥齿轮大端齿槽侧面时，分度头主轴回转方向和工作台横向偏移方向如何确定？

2．简述以工作台横向偏移为基准铣削直齿锥齿轮的步骤。

第十一章　链轮的铣削

§11-1　链轮的基本参数和几何尺寸计算

一、填空题（将正确答案填写在横线上）

1．滚子链链轮的齿槽形状主要由________圆弧和________圆弧组成。

2．不重要且齿数大于 20 的滚子链链轮，常采用________齿形，其齿槽形状由齿沟圆弧和__________组成。

3．齿形链链轮的齿顶可以是______形或者是______形。

二、判断题（正确的打“√”，错误的打“×”）

1．滚子链链轮的实际齿槽形状应位于最大和最小齿槽圆弧半径之间，并在对应的齿沟定位圆弧处与滚子定位圆弧平滑连接。（　　）

2．齿形链链轮齿槽工作面以下的齿根部形状可随刀具形状不同而有所不同。（　　）

§11-2　链轮的检测及技术要求

一、填空题（将正确答案填写在横线上）

1．滚子链链轮的测量方法有______________和________________两种。

2．齿形链链轮在铣削时，一般都采用控制________________的方法来获得合适的切齿深度。

3．链轮的节距 p 一般都采用________测量。

二、选择题（将正确答案的代号填入括号内）

1．滚子链链轮在铣齿后，主要检测（　　）直径。

A．齿顶圆　　B．齿槽圆　　C．齿根圆

2．对精度要求不高的滚子链链轮，可用（　　）直接测量齿根圆直径。

A．游标卡尺　　B．齿根圆千分尺　　C．公法线千分尺

§11-3　链轮的铣削

一、填空题（将正确答案填写在横线上）

1．铣削精度要求较高、件数较多的滚子链链轮时，常采用__________铣刀加工。在件数不太多及没有__________铣刀的时候，常采用__________铣刀或__________铣刀来加工。

2．齿形链链轮在件数较多时，一般采用________铣刀加工。在件数不太多及没有__________铣刀的时候，常采用________铣刀或________铣刀来加工。

二、简答题

1．造成铣削的链轮齿形不准的原因有哪些?

2．造成铣削的链轮齿根圆直径超差的原因有哪些?

3．造成铣削的链轮节距超差的原因有哪些?

三、计算题

用铣刀铣削一节距为 9.525 mm、齿数为 18 齿的齿形链链轮，链轮的齿顶采用矩形结构。试计算齿顶圆直径 d_a、齿根圆直径 d_f、齿槽角 θ、量柱直径 d_R、跨柱测量距 M_R、工作台横向移动距离 S、工作台垂向上升高度 H。

第十二章　刀具齿槽的铣削

§12-1　圆柱面直齿刀具齿槽的铣削

一、填空题（将正确答案填写在横线上）

1．圆柱面直齿刀具的齿槽一般在铣床上用______铣刀或______铣刀铣削。

2．用单角铣刀铣削前角 γ_o=0°的直齿槽，工作铣刀的廓形角 θ_1 等于______________，刀尖圆弧半径 r_ε 等于__________________，工作铣刀端面刃回转平面应通过__________，铣削宽度 a_e 等于________________。

3．用单角铣刀铣削前角 γ_o>0°的直齿槽，在工作铣刀对中心后，应将工作台_________和________________，二者的计算公式分别为____________和____________。

4．用铣削直齿槽的单角铣刀铣削折线齿背，在直齿槽铣完后，应将工件____________并重新调整工作台的__________和__________。

二、判断题（正确的打"√"，错误的打"×"）

1．用不对称双角铣刀铣削圆柱面直齿刀具的齿槽时，不论前角 γ_o=0°还是 γ_o>0°，都应使用其小角度锥面刃切削被加工刀具的前面。（　　）

2．在铣床上加工刀具齿槽，主要是加工圆柱面、端面和圆锥面上的直齿、螺旋齿槽。（　　）

3．在铣床上加工刀具齿槽，必须达到图样规定的刃宽要求。（　　）

4．铣削三面刃铣刀圆柱面直齿槽时，调整横向偏移量，是为了保证三面刃铣刀获得规定的前角。（　　）

三、选择题（将正确答案的代号填入括号内）

1．刀具齿槽铣削是形成（　　）的加工过程。

A．刀具齿槽角　　B．刀具前后角　　C．刀齿、切削刃和容屑空间

2．具有圆柱面直齿的刀具是（　　）。

A．直齿三面刃铣刀　　B．键槽铣刀　　C．角度铣刀

3．铣削加工几把不同直径、不同齿数的三面刃铣刀圆柱面直齿槽时，若前角值相同，则横向偏移量 S 会因（　　）而越大。

A．齿数越多　　B．直径越大　　C．齿数越少

4．铣削刀具圆柱面直齿槽调整横向偏移量时，若偏移方向错误，此时铣出的刀具前角会（　　）。

A．增大　　　　　　B．减小　　　　　　C．符号相反数值相等

四、计算题

1．用单角铣刀在直径为 80 mm 的盘形齿轮铣刀刀坯上铣削直齿槽，已知刀具前角 $\gamma_o=15°$，齿槽深 $h=6$ mm，计算工作台横向偏移量 S 和升高量 H。

2．用 $\delta=15°$ 的不对称双角铣刀铣削上题刀坯的直齿槽，工作台的横向偏移量 S 和升高量 H 应为多少？

五、简答题

铣削圆柱面直齿刀具的折线齿背时，工件偏转角度 φ 和偏转方向如何确定？

§12-2　圆柱面直齿刀具端面齿槽的铣削

一、填空题（将正确答案填写在横线上）

1．铣削圆柱面直齿刀具的端面齿槽时，一般选用廓形角等于＿＿＿＿＿＿＿＿＿＿的＿＿＿＿铣刀。铣刀的外径应＿＿＿＿＿＿＿＿。

2．刀具齿槽铣削造成齿形分布不均匀的原因有：＿＿＿＿＿＿＿＿＿＿＿＿＿＿＿、＿＿＿＿＿＿＿＿＿＿＿＿＿＿和＿＿＿＿＿＿＿＿＿＿＿＿＿＿。

二、判断题（正确的打“√”，错误的打“×”）

1．铣削圆柱面直齿刀具的端面齿槽时，分度头主轴必须仰起一个角度 α，α 的大小按式 $\cos\alpha=\tan\frac{360°}{z}\cot\theta$ 计算确定。（　　）

2. 对中心不准、偏差较大和工作台的偏移量 S 计算错误，以及偏移距离不准确，是造成铣出的圆柱面直齿槽刀具前角偏差过大的主要原因。（ ）

3. 三面刃铣刀是一种常用的盘形齿轮铣刀，其齿槽分别在圆柱面和两端面上均匀分布。（ ）

4. 为了保证三面刃铣刀端面齿槽外窄内宽，分度头主轴应与工作台台面之间成一夹角。（ ）

5. 铣削三面刃铣刀端面齿槽时，分度头主轴位置应按仰角 α 调整，但扳转方向需考虑铣刀由周边向中心逆铣。（ ）

6. 铣削三面刃铣刀端面齿槽时，调整横向偏移量是为了获得端面齿前角。（ ）

7. 铣削三面刃铣刀端面齿时，若发现刀齿棱边宽度偏差较大，可适当调整分度头仰角 α。（ ）

8. 铣削三面刃铣刀端面齿时，刀齿棱边的宽度尺寸由工作台垂向进给保证，其宽度一致性由分度头仰角 α 保证。（ ）

9. 三面刃铣刀端面齿槽铣削时，因端面齿无前角，故单角铣刀端面应通过中心，并与圆柱面刀齿前面平滑连接。（ ）

三、选择题（将正确答案的代号填入括号内）

1. 三面刃铣刀的齿槽在两端面和圆柱面上均匀分布，其圆柱面齿槽底与轴线（ ），端面齿槽底与轴线（ ）。

A. 垂直、垂直　B. 平行、垂直　C. 平行、成规定夹角

2. 三面刃铣刀铣削齿槽前的坯料形状为（ ）。

A. 锥度圆柱　B. 台阶圆柱　C. 带孔圆盘

3. 铣削三面刃铣刀端面齿槽时，为保证由周边向中心逆铣，应选用（ ）单角铣刀铣削。

A. 左切　B. 右切　C. 左切和右切

4. 铣削三面刃铣刀端面齿槽时，为了保证铣出的前面与圆柱面刀齿前面平滑连接，横向偏移量 S 应（ ）。

A. 等于零　B. 按端面齿前角计算

C. 与圆柱面齿偏移量相等

5. 当发现铣削三面刃铣刀端面刀齿棱边外宽内窄时，应（ ）。

A. 减小分度头仰角 α 值　B. 增大分度头仰角 α 值

C. 重新调整横向偏移量

6. 铣削三面刃铣刀端面齿槽，若棱边宽度内外不一致，除仰角偏差因素外，还可能是由（ ）造成的。

A. 分度头精度差　B. 横向偏移量偏差大　C. 铣削深度偏差大

7. 铣削三面刃铣刀齿槽，若齿槽等分不均匀，其原因之一是（ ）。

A. 工件装夹后同轴度偏差大　B. 工作铣刀磨损大

C. 进给量选择不当

8. 铣削直齿三面刃铣刀端面齿时，若工作铣刀廓形角偏差较大，除影响齿槽角外，还

会导致（　　）。

A．齿距等分差　　　　B．前面连接不平滑

C．端面齿棱边宽度内外不一致

四、计算题

有一如图 12–1 所示直齿三面刃铣刀，圆柱面直齿槽的齿槽深 h=5.5 mm。列出铣削的简要步骤，并完成相应的计算。

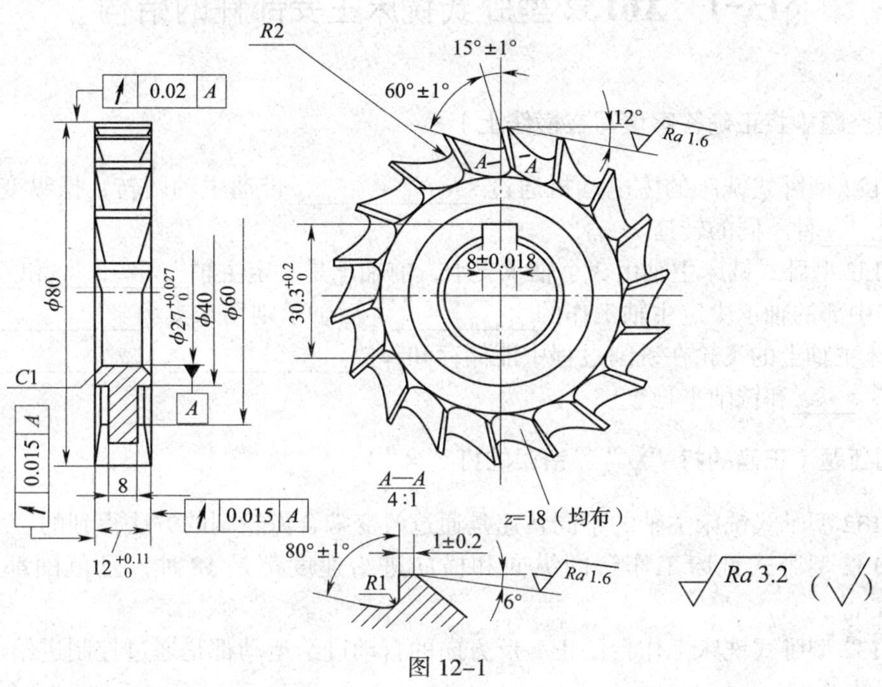

图 12–1

五、简答题

铣削圆柱面直齿刀具的端面齿槽时，应满足哪两个要求？如何实现？

第十三章　铣床的结构与调整

§13-1　X6132型卧式铣床主要部件的结构

一、填空题（将正确答案填写在横线上）

1. X6132型卧式铣床的主电动机通过______________带动主轴回转，操纵变速机构可使主轴获得____种不同的转速。

2. X6132型卧式铣床主轴由3个轴承支承，前轴承是决定主轴__________和________的主要轴承，中部的轴承决定主轴工作的__________，后轴承则用来支承______________。

3. 铣床主轴上的飞轮在铣削过程中能储存和释放_____________，减少___________，使_________________和铣削平稳。

二、判断题（正确的打“√”，错误的打“×”）

1. X6132型卧式铣床主轴的不同转速是通过改变啮合齿轮副的方法得到的。（　　）

2. X6132型卧式铣床工作台的纵向和横向进给速度都是18种，且范围都是23.5～1 180 mm/min。（　　）

3. X6132型卧式铣床工作台的正、反方向的自动进给运动都是通过控制进给电动机正、反转来实现的。（　　）

4. X6132型卧式铣床的主轴采用转速控制继电器实现制动，因此主轴变速时，不一定需要先停车。（　　）

5. X6132型卧式铣床的主轴传动系统表明，主轴的转向是通过改变电动机的转向实现的。（　　）

6. X6132型卧式铣床的进给变速传动系统是由主电动机通过齿轮传递动力的，与主轴传动有一定联系。（　　）

7. X6132型卧式铣床工作台垂向进给速度是纵向进给速度的1/3，但与横向进给速度是相同的。（　　）

8. X6132型卧式铣床主电动机与变速箱轴Ⅰ之间的弹性联轴器，在运转时能吸收振动和承受冲击，使电动机轴转动平稳。（　　）

9. X6132型卧式铣床主轴的后轴承对铣削加工精度无决定性影响。（　　）

10. 为了保证铣床主轴的传动精度，支承轴承的径向和轴向间隙应调整得越小越好。（　　）

11. 安全离合器是定扭矩装置，是用来防止工作进给超载时损坏传动零件的。（　　）

三、选择题（将正确答案的代号填入括号内）

1．X6132 型卧式铣床的进给电动机功率是（　　）kW。

A．1.5　　B．7.5　　C．5.5

2．X6132 型卧式铣床的主轴传动系统中，主轴的 18 级转速值为等比数列，其公比为（　　）。

A．1.5　　B．2　　C．1.26

3．X6132 型卧式铣床的进给系统中，用以接通工作台快速移动的离合器是（　　）。

A．安全离合器　　B．片式摩擦离合器　　C．牙嵌离合器

4．X6132 型卧式铣床工作台垂向和横向进给是通过（　　）互锁的。

A．机械　　B．电气　　C．机械—电气

5．X6132 型卧式铣床主轴变速采用（　　）机构。

A．孔盘变速操纵　　B．凸轮变速　　C．液压变速

6．X6132 型卧式铣床增加主轴转动惯性的方法是（　　）。

A．选用大直径铣刀　　B．安装飞轮　　C．增加主轴质量

7．X6132 型卧式铣床主轴的中轴承采用（　　）。

A．单列深沟球轴承　　B．推力轴承　　C．圆锥滚子轴承

四、简答题

X6132 型卧式铣床的横向与垂向进给，纵向与横向、垂向进给之间分别由什么来互锁？

§13-2　铣床的调整

一、填空题（将正确答案填写在横线上）

1．常用铣床的调整主要有＿＿＿＿＿＿＿＿的调整、＿＿＿＿＿＿＿＿的调整、＿＿＿＿＿＿＿＿的调整等。

2．X6132 型卧式铣床主轴中部的调节螺母用来调整两圆锥滚子轴承的＿＿＿＿＿＿，而主轴轴承间隙的大小取决于铣床的＿＿＿＿＿＿＿＿。

3．铣床主轴轴承间隙的检测方法是以＿＿＿＿的力推或拉主轴，转动主轴，顶在主轴端面上的千分表读数应在＿＿＿＿＿＿＿范围内变动；机床主轴在＿＿＿＿＿r/min 的转速下运转 1 h，轴承的温度应不超过＿＿＿＿℃。

4．工作台传动丝杠间隙包括丝杠本身＿＿＿＿＿的＿＿＿＿＿＿和＿＿＿＿＿＿＿＿之

间的间隙。

5．工作台纵向传动丝杠轴向间隙的调整包括丝杠与＿＿＿＿＿之间间隙的调整和丝杠与＿＿＿＿＿＿之间间隙的调整。

二、判断题（正确的打“√”，错误的打“×”）

1．若希望把 X6132 型卧式铣床工作台纵向丝杠螺母间隙减小，应该将调整蜗杆逆时针方向转动。（　　）

2．X5032 型立式铣床主轴轴颈与轴承内孔的锥度为 1∶12，即每消除 0.02 mm 的径向间隙，需将垫片厚度磨去 0.24 mm。（　　）

3．造成铣削时振动过大的原因，从机床角度分析主要是主轴松动和工作台松动。（　　）

4．全程内手摇工作台纵向移动松紧不匀的原因是丝杠弯曲、磨损或轴线与导轨不平行。（　　）

三、选择题（将正确答案的代号填入括号内）

1．铣床工作台运动部件与导轨之间的间隙在调整时一般以不大于（　　）mm 为宜。

A．0.01　　B．0.02　　C．0.04

2．铣床工作台出现快速进给脱不开故障的原因是（　　）或慢速复位弹簧的弹力不足。

A．电磁铁的剩磁太大　　B．电磁铁太大　　C．离合器失灵

3．调整工作台导轨间隙时，纵向与横向间隙的大小以进给手轮用（　　）N 左右的力能摇动为宜。

A．150　　B．200　　C．240

4．调整工作台导轨间隙时，升降台上升时升降手柄以（　　）N 的力能摇动为宜。

A．100 ~ 150　　B．160 ~ 200　　C．200 ~ 240

5．若安全离合器的转矩调得太大，工作台在进给过程中遇到过大的阻力或超负荷时，进给运动（　　）。

A．会自动加快　　B．会自动减慢　　C．会自动停止

D．不能自动停止

6．安全离合器的转矩应调整到以（　　）N·m 能转动为宜。

A．100 ~ 150　　B．160 ~ 200　　C．200 ~ 240

7．升降台低速升降时爬行的原因可能是（　　）。

A．丝杠弯曲或磨损　　B．工作台承载过重　　C．垂直导轨锁紧手柄未松开

四、简答题

1．X5032 型立式铣床主轴的径向间隙需减小 0.01 mm，应如何调整？

2．铣床导轨间隙过大或过小对铣削有什么影响？

3．铣床主轴轴承过紧或过松会产生什么现象？

第十四章 铣刀几何参数和铣削用量的选择

§14-1 铣刀几何参数的选择

一、填空题（将正确答案填写在横线上）

1．铣刀的几何参数对铣削时金属的__________、____________、____________和铣刀的__________都有显著的影响。

2．面铣刀的直径应比工件宽度略大，一般按工件宽度的__________选取。

3．铣刀的前角主要根据____________、______________和____________来选择。

4．在______________刚度足够时，铣削__________________材料时，以及________铣时，采用较小的主偏角。

二、判断题（正确的打"√"，错误的打"×"）

1．粗铣时用粗齿铣刀，精铣时用细齿铣刀。（ ）

2．圆柱形铣刀的刃倾角就是螺旋角。（ ）

3．适当增大铣刀的前角和主偏角，可提高铣刀的耐用度。（ ）

4．由于增大后角可减小刀具后面与切削平面之间的摩擦，因此后角值越大越好。（ ）

5．主偏角影响主切削刃参加铣削的长度，副偏角影响副切削刃对已加工表面的修光作用。（ ）

三、选择题（将正确答案的代号填入括号内）

1．影响切屑变形的是铣刀的（ ）。

A．后角　　B．偏角　　C．前角

2．控制切屑流出方向的是铣刀的（ ）。

A．刃倾角　　B．前角　　C．偏角

3．影响切削刃参加铣削长度的是铣刀的（ ）。

A．主偏角　　B．副偏角　　C．刃倾角

四、简答题

1．简述铣刀前角的选择原则。

2. 简述铣刀刃倾角和螺旋角的选择原则。

§14-2 铣削用量的选择

一、填空题（将正确答案填写在横线上）

1. 选择铣削用量的原则是在保证________、降低________和提高________的前提下，使________、________和________的乘积最大。

2. 选择铣削用量的顺序是先确定________，然后确定________，最后选择________。

3. 粗铣时，限制进给量提高的主要因素是________；精铣时，限制进给量提高的主要因素是________。

4. 铣削时，影响铣削速度的主要因素有________、________、________和________等。

二、判断题（正确的打“√”，错误的打“×”）

1. 选择铣削用量时，应根据对铣刀耐用度影响的大小来确定次序：对耐用度影响最小的铣削用量要素先选择，对耐用度影响最大的铣削用量要素最后选择。（　　）

2. 在铣床功率足够、工艺系统的刚度和强度允许的条件下，应在一次进给中切除全部粗加工余量。（　　）

3. 粗铣前确定铣削速度，必须考虑铣床的许用功率，如超过铣床许用功率，应适当提高铣削速度。（　　）

三、选择题（将正确答案的代号填入括号内）

1. 铣削用量中，对铣刀耐用度影响最明显的因素是（　　）。

A．铣削速度　　B．铣削宽度　　C．进给量

2. 精铣时，限制铣削速度提高的主要因素是（　　）。

A．工件的加工精度　　B．工件的表面粗糙度　　C．铣刀的耐用度

3. 铣削灰铸铁时，高速钢铣刀每齿进给量通常选用（　　）mm/z。

A．0.10 ~ 0.35　　B．0.02 ~ 0.08　　C．0.25 ~ 0.40

4. 铣削可锻铸铁时，硬质合金铣刀每齿进给量通常选用（　　）mm/z。

A．0.10 ~ 0.50　　B．0.05 ~ 0.20　　C．0.50 ~ 0.75

5．铣削 45 钢时，高速钢铣刀铣削速度通常选用（　　）m/min。

A．5 ~ 10　　B．10 ~ 40　　C．60 ~ 80

6．铣削铝合金时，硬质合金铣刀铣削速度通常选用（　　）m/min。

A．50 ~ 100　　B．360 ~ 600　　C．800 ~ 1 000

四、简答题

1．粗铣和精铣时如何选择进给量?

2．粗铣和精铣时如何选择铣削速度?

第十五章 铣床夹具

§15-1 夹具的组成和作用

一、填空题（将正确答案填写在横线上）

1．研究机床夹具的三大主要问题是__________、__________和__________。

2．在机械加工中，夹具起______、______、______之间的桥梁作用，用来保证加工时工件相对于______及__________处于一个正确的__________。

3．夹具都由________、__________和__________三大主要部分组成，此外，根据不同的使用要求，还可设置________、__________、__________及其他各种辅助装置。

4．夹具的设计和应用注重于解决工件的__________和__________，可使同一批工件的装夹结果__________，稳固的夹紧使各工件间的__________差异性大为减小。

二、简答题

1．简述机床夹具在生产中的主要作用。

2．在图 15-1 中标出夹具的相应组成装置。

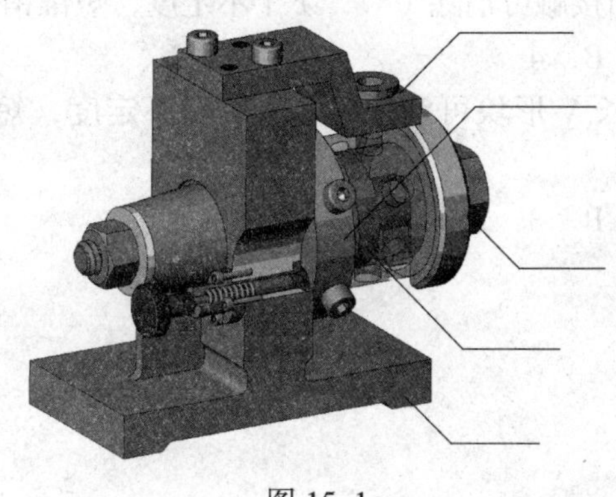

图 15-1

§15-2　工件在夹具中的定位

一、填空题（将正确答案填写在横线上）

1．使工件在夹具中占有______________的动作过程，称为工件在夹具中的定位。

2．在工件定位中，用空间合理分布的最多6个__________，来消除工件的最多6个空间位置____________，这一原理称为______________。

3．工件定位时，夹具定位元件上用以限制工件______________的基本几何形体称为__________，常用的共有______种。

4．短圆柱销被定位孔包容时，消除____个不定度；作防转销时，消除____个不定度。

二、判断题（正确的打“√”，错误的打“×”）

1．工件在夹具中定位，只有6个不定度被全部消除时，才能保证整批工件相对机床与刀具有一个统一的位置依据。（　　）

2．为了保证加工精度，所有的工件加工时，必须消除其全部不定度，即进行完全定位。（　　）

3．用平面双销定位时，削边销的削边部分应位于两销的连线方向上。（　　）

4．欠定位是一种不完全定位，所以它在生产中也被广泛使用。（　　）

5．在实际应用中的夹具有时会出现重复定位的现象，但应尽量设法消除其对定位精度的影响。（　　）

三、选择题（将正确答案的代号填入括号内）

1．用保持一定距离的不在一条直线上的三个定位点对工件的平面定位，可以消除工件的（　　）不定度。

A．三个移动　　B．三个转动

C．一个移动与两个转动　　D．两个移动与一个转动

2．长锥销与工件呈锥面接触可消除（　　）个不定度，短锥销可消除（　　）个不定度。

A．3　　B．4　　C．5　　D．6

3．与轴类工件接触的长V形块可消除（　　）个不定度，短V形块可消除（　　）个不定度。

A．2　　B．3　　C．4　　D．5

四、名词解释

1．定位点

2．重复定位

3．欠定位

五、简答题

1．什么是不定度？在空间直角坐标系中工件有哪几个不定度？各用什么符号表示？

2．用平面双销定位工件时，为什么第二个圆柱销要做成削边销？装配夹具时，对削边销的位置有什么要求？

3．重复定位会有什么不良后果？为什么在实际生产中还要采用重复定位？

§15-3　工件的夹紧

一、填空题（将正确答案填写在横线上）

1．工件定位后将其______，使其在加工过程中保持__________________的操作称为夹紧。对夹紧装置的基本要求：_______________、_______________、_______________和操作方便。

2．夹紧力的三要素是__________、__________和__________。

3．夹紧力的方向应尽量指向工件的_______________表面；应尽量与______、______方向一致；应尽量指向工件__________的方向；其作用线应分布于工件_______________范围内。

二、判断题（正确的打“√”，错误的打“×”）

1．为了保证工件在夹具中位置的稳固，不至于在加工中产生振动和移动，夹紧力越大越好。（　　）

2．螺旋夹紧机构结构简单，制造方便，夹紧可靠，通用性强，在铣床夹具中使用非常普遍。（　　）

3．圆偏心夹紧机构具有结构简单、制造容易、夹紧迅速、操作方便等优点，因此广泛地应用于铣床夹具中。（　　）

4．圆偏心夹紧机构要保证自锁，就必须增大偏心距。（　　）

5．螺旋夹紧机构和圆偏心夹紧机构实际都是斜楔夹紧机构的变形。（　　）

三、选择题（将正确答案的代号填入括号内）

1．若以相同的作用力作用在图 15–2 所示各种螺旋夹紧机构的压板上进行夹紧，则图（　　）作用在工件上的实际夹紧力最大。

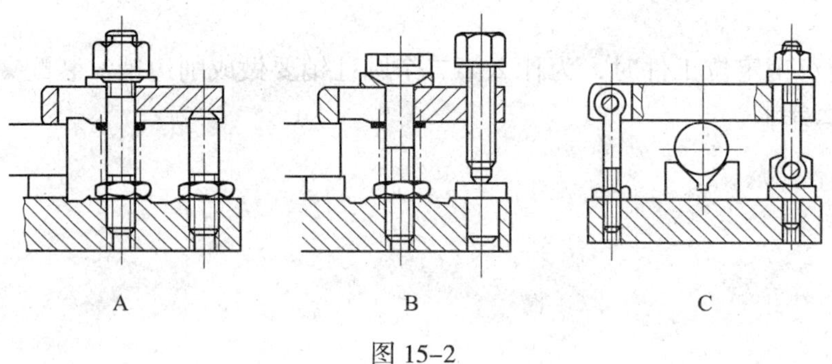

图 15–2

2．以下夹紧机构中自锁性最好、增力倍数最大的是（　　）。

A．斜楔夹紧机构　　B．螺旋夹紧机构　　C．偏心夹紧机构

§15–4　铣床夹具介绍

一、填空题（将正确答案填写在横线上）

1．铣削过程是一种切削力____________的过程，并伴随着强烈的________和________。

2．铣床夹具都配有较强大而可靠的____________，以保证夹紧有良好的________和__________。

二、判断题（正确的打“√”，错误的打“×”）

1．在粗铣过程中，铣削加工往往属于一种重负荷切削。（　　）

2．铣床夹具重要的是要保证工件装夹时的可靠性，至于是否方便、快捷不是它要考虑的因素。（　　）

3．在许多铣床夹具中都采用了多件夹紧的设计，这主要是为了减少辅助时间以提高生产效率。（　　）

4．铣床专用夹具结构复杂、成本高，所以通常只有在批量生产中才会使用。（　　）

三、简答题

简述图 15–3 所示铣槽专用铣床夹具的定位和夹紧原理。

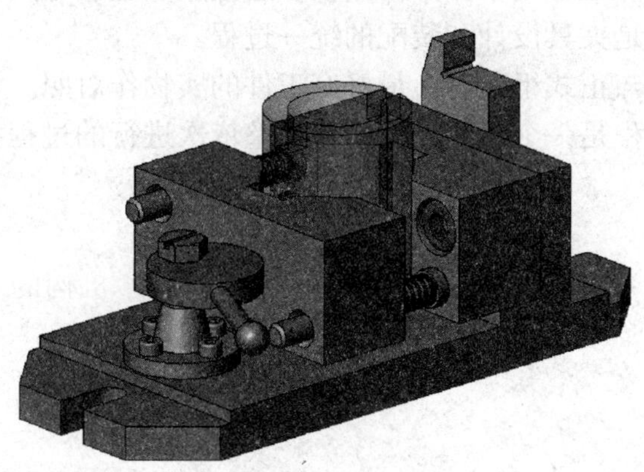

图 15–3

§15–5　组合夹具简介

一、填空题（将正确答案填写在横线上）

1．组合夹具是由一套预先制好的、具有各种不同________和________的标准元件和______组成的一种新型的工艺装备。

2．组合夹具可分为______组合夹具和______组合夹具。_____组合夹具的特点是平移调整方便，它广泛应用于普通机床上进行_________零件的机械加工；______组合夹具的特点是旋转调整方便，精度和刚度都高于______组合夹具。

3．组合夹具使用上所具有的________、______、__________的特点，使其特别适用于__________________的临时突击性生产任务、新产品的试制，以及________或______生产场合。

4．组合夹具元件已标准化，标准中将其按用途不同，分为______件、______件、_____件、______件、______件、______件、其他件和______件共八个大类。

二、判断题（正确的打“√”，错误的打“×”）

1．由于使用组合夹具可以使生产的准备周期大为缩短，又可节省大量工艺装备费用的支出，所以组合夹具必将替代专用机床夹具。（ ）

2．组合夹具初始成本高，一次性投资规模大，只有通过规模化运作才能充分发挥其优越性，并取得较好的经济效益。（ ）

3．组合夹具的夹紧件也可用来作限位挡板、连接板和垫铁等其他用途。（ ）

4．组合夹具的组装是夹具设计和装配的统一过程。（ ）

5．组合夹具在试装与正式组装时，最好有工件的实物作对照。（ ）

6．组合夹具组装过程是一个组装、检测、调整依次进行的过程。（ ）